CHIP FOTO VIDEO

视觉新媒体 编著

Nikon 尼康

D800

从入门到精通

透彻、实用的相机使用指南

解析相机手册没有讲明白的事

帮助领会相机的每一项功能

中国摄影出版社

图书在版编目（CIP）数据

尼康D800从入门到精通 / CHIP FOTO VIDEO视觉新媒体编著. -- 北京：中国摄影出版社，2012.12

ISBN 978-7-80236-762-3

Ⅰ．①尼… Ⅱ．① C… Ⅲ．①数字照相机－单镜头反光照相机－摄影技术 Ⅳ．① TB86-62 ② J41-62

中国版本图书馆 CIP 数据核字 (2012) 第 105676 号

书　　名：尼康 D800 从入门到精通
编　　著：CHIP FOTO VIDEO 视觉新媒体
责任编辑：谢建国
封面设计：衣　钊
版式设计：甄　唤
出　　版：中国摄影出版社
　　　　　地址：北京东城区东四十二条 48 号　邮编：100007
　　　　　发行部：010-65136125　65280977
　　　　　网址：www.cpphbook.com
　　　　　邮箱：office@cpphbook.com
印　　刷：北京印匠彩色印刷有限公司
开　　本：16K(787mm×1092mm)
印　　张：16.5
字　　数：250 千字
版　　次：2012 年 12 月第 1 版
印　　次：2012 年 12 月第 1 次印刷
ISBN　978-7-80236-762-3
定　　价：78.00 元

目录

PART 08 自定义设定菜单

PART 09 设定菜单

PART 10 润饰菜单

PART **11** 我的菜单

PART **12** 全高清动画拍摄

PART **13** D800镜头选配推荐

● 焦距: 180mm
● 光圈: f/3.5
● 快门: 1/1000 秒
● 感光度: ISO200

part

01

尼康D800/D800E
全新功能与机身解析

尼康 D800/D800E 全新功能

当尼康 D800 以高达 3630 万像素的姿态出现在我们的视线中时，也许很多用户，甚至包括原来对 D700 像素不满的用户也会很不解——D800 的像素是不是又太高了？

D800 的像素是目前 135 画幅相机中像素最高的产品，请自动忽略诺基亚 PureView 808，那不是相机，不是给摄影师玩的，只是个噱头！在同年代，高像素对于低感光度时的细节还原有着得天独厚的优势，即使像素间距缩小也无碍这种优势的体现；3630 万像素对于后期裁剪构图会非常方便，另外还能以 200dpi 将图像扩印至最大 A1 海报尺寸（59.4 x 84.1 cm），对于有此需求的用户来说是不可多得的良机。然而高像素也会产生一些负面的影响，比如由于数据量增大会导致相机的连拍性能降低，而像素间距缩小后在电磁干扰加剧也会影响相机在高感光度时的噪点抑制能力。

尼康 D800

小提示

尼康 D800 像素间距 4.88μm，这一数值几乎与目前市面上主流的 1600 万像素 APS-C 画幅单反持平（如尼康 D7000 为 4.78μm），小于 D700 的 8.4μm 和 EOS 5D Mark III 的 6.3μm。

D800 在低感光度时的成像细节已经超越了目前市面上所有的全画幅相机，而取消了低通滤波效果的 D800E 更是在细节还原方面足以媲美中画幅的宾得 645D 相机。在高感表现上，D800 虽无惊喜可言，但是缩小到 1200 万像素时，其表现接近 D700 的水平，这对于一款高达 3630 万像素的相机来说已实属不易。

当然，D800 的改进绝非只有像素一项，针对对焦系统、测光系统、视频拍摄系统等全方位进行了升级：

3630 万超高像素 COMS

○ 3630 万像素全画幅（FX）格式 CMOS 感应器
○ 原生感光度 ISO100-6400，可扩展至最低 ISO50 和最高 ISO25600
○ 1530 万像素的 DX 剪裁模式、2500 万像素的 1.2X 剪裁模式
○ 改良型 51 点对焦系统
○ 1080p 全高清短片记录功能
○ 3.2 英寸 92.1 万像素高分辨率屏幕
○ 全像素下 4 张/秒的连拍速度（搭载 MB-D12 手柄可提升至 6 张/秒）
○ 9.1 万像素矩阵测光系统
○ EXPEED 3 影像处理引擎
○ 改良的双轴水平仪
○ 100% 覆盖率的五棱镜取景器
○ 支持静音拍摄模式

EXPEED 3 影像处理引擎

尼康 D800E

小提示

与尼康 D800 同时发布的还有其姊妹机 D800E，区别是采用的滤镜取消了低通滤波效果（原本在 D800 中同样用来过滤摩尔纹和抗锯齿的第二片低通滤镜，在 D800E 中被换成了取消低通滤波效果的滤镜，尼康表示不直接取消低通滤镜是因为会造成法兰距改变，使用 F 卡口镜头反而会造成画质降低），适合追求更高画质细节的用户使用，不过可能在极端情况下出现摩尔纹。

全金属专业机身

　　虽然尼康官方没有强调 D800 的机身材质，但是已知采用了和 D700 相同的镁铝合金制造，具备一定的防尘防滴溅能力，同时发布的 MB-D12 手柄也同样采用了镁铝合金材质且具备防尘防滴溅功能。

防尘防滴溅设计

尼康 D800 和 MB-D12 手柄

小提示

　　尼康 D800 机身仅重 900 克，搭配 EN-EL15 电池和 SD 存储卡约重 1 千克，机身尺寸约 146×123×81.5mm，相比佳能 EOS 5D Mark III 看上去更加秀气，不过将近 1 千克的机身重量再加上诸如 AF-S 70-200mm f/2.8G ED VR II 这种重达 1.5 千克的镜头的话，2.5 千克的重量对于体力稍差的女士来说仍然是一个挑战。如果再加上 AF-S 600mm f/4G ED VR，对于专业摄影师来说，也需要具有非凡的体力才能胜任。

尼康 D800 和 AF-S 600mm f/4G ED VR 镜头

源自 D4 的 51 点改良型对焦系统

尼康 D800 仍然采用的是 Multi-CAM 3500FX 对焦系统，相比 D700 在对焦点数量上并没有改变，仍然为 51 点设计（其中包括 15 个十字型感应器），但是却增加了 11 个感应器用来在光圈 f/8 时支持自动对焦，在使用尼康增距镜时也可以实现自动对焦且拥有最高的对焦精度。

Multi-CAM 3500FX 对焦感应器

> **小提示**
>
> 另外 D800 还加强了暗光时的自动对焦性能，在某些极端情况下，佳能 EOS 5D Mark III 无法对焦时，D800 仍然可以完成对焦拍摄，可见拥有 61 个对焦点的 5D Mark III 在对焦性能上并不一定能够战胜 D800。

其实尼康用户不必纠结 D800 的对焦点数量少于 EOS 5D Mark III，因为决定对焦系统性能的并不只有对焦点数量，还包括对焦精度（也并非感应器支持光圈值越大越准确，例如佳能和索尼的 f/2.8 对焦感应器并不一定强过尼康的 f/5.6 对焦感应器）、对焦速度和宽区域预测能力，而尼康成熟的 51 点对焦系统则在这些方面都做到了最好。

D800 同时拥有人脸识别对焦功能，虽然对于 D800 这种连 Auto 拍摄模式都不具备的相机来说有些突兀，但今后当大家再谈到谁拍摄人像更专业时，拥有人脸识别对焦功能的 D800 肯定比 EOS 5D Mark III 的支持度更高。

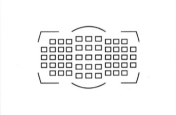

改良型 51 点 Multi-CAM 3500FX 对焦系统

9.1 万像素矩阵测光系统

在测光系统上，尼康 D800 也再次采用了与 D4 同级别的 9.1 万像素矩阵测光系统，而 EOS 5D Mark III 为了与高端的 EOS-1DX 拉开差距，并没有采用 10 万像素 RGB 测光感应器，只采用了 iFC 63 区双层测光感应器，与 EOS 7D 的测光系统完全一样，因此在测光性能上尼康 D800 毫无疑问强于 EOS 5D Mark III，也足见尼康对于 D800 的用心。

D800 同样提供了点测联动系统（在点测光时，测光范围随着焦点而动），这是尼康目前所有单反都支持的功能，而佳能则只在 EOS-1D 系列中提供了点测联动，连 EOS 5D Mark III 都不具备此功能。

点测联动对于拍摄人像时作用非常明显，将焦点调整至边缘时，再用此对焦点对着人脸对焦，即可同时获得正确的曝光；而如果不支持点测联动，测光点仍在中央点，而不在脸部，会导致脸部曝光不准确。EOS 5D Mark III 可以通过先对焦再构图的方式进行拍摄（按下 AE 按钮锁定曝光），在拍摄人像时会非常麻烦。

测光系统是对焦系统的后盾，只有测光准确时高速连拍和跟踪对焦拍摄才真正有意义。

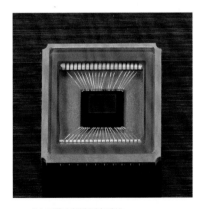

9.1 万像素矩阵测光系统

> **小提示**
>
> D800 不能单独设置人脸识别模式，只有当相机设定为程序自动模式时才能启动，并且也不是卡片中常见的正方形框选模式，而是在人脸处的对焦点点亮来确认，并且 D800 只支持单张人脸识别，但在即时取景模式时则可以支持多达 35 张人脸识别。

全像素下 4 张/秒的连拍速度

由于采用了 3630 万超高像素传感器，因此 D800 无可避免地在连拍速度上作出了牺牲，在全像素下只支持 4 张/秒的连拍速度（搭载 MB-D12 手柄可提升至 6 张/秒），这不但低于 EOS 5D Mark III 的 6 张/秒，也不及 D700 的 5 张/秒连拍。

但是如上文所述，连拍性能与测光系统息息相关，即使连拍系统再强大，如果无法在动态侦测时提供准确快速的测光系统，那么拍摄出来的照片也会与预期效果相悖，对此不再多说，用户心领神会即可。

尼康 D800 支持 4 张/秒连拍。

原生 ISO100—ISO6400 感光度

相比目前旗舰机型动辄 10 万级别的高感光度，D800 由于超高像素的原因，原生感光度只可以设定到 ISO100—ISO6400，支持扩展到 ISO50—ISO25600。D800 的高感光度在级别上与 D700 保持一致，缩小到 1200 万像素时噪点表现也基本与 D700 持平，不过要明显逊色于拥有 ISO102400 超高感光度的 EOS 5D Mark III。

尼康 D800 使用 ISO3200 感光度时的成像效果。

CF 与 SD 双插槽存储

D800 还提供了 CF 卡与 SD 卡双插槽进行存储，比起只支持 CF 卡的 D700 使用起来更加方便。目前 SD 卡的普及程度远超 CF 卡，D800 支持 SD 卡也是大势所趋。

CF 卡与 SD 卡双插槽存储。

1920x1080/30fps 全高清视频格式

D800 加入全高清视频模式,终于解决了 D700 不支持视频拍摄的遗憾。尼康 D800 最高支持 1920x1080/30fps 的全高清视频格式,最大比特率为 24Mbps,不过在此模式下最多只能录制 20 分钟的视频,而在其他格式如 1280x720/30fps 时,则可以最多支持 30 分钟的视频记录。

虽然机身拍摄视频时有时间限制,但是 D800 由于提供了 HDMI 输出功能,在机身不进行存储卡记录拍摄时可以通过 HDMI 输出 1920x1080/60i 格式的高清视频,可以通过外置刻录设备进行无时间限制的视频记录,虽然不是 30fps 的格式,但是对于一般的视频录制来说也完全可以胜任;而在机身进行存储卡记录拍摄时,HDMI 接口也可以输出 720P 格式的高清视频,并且可以在外接显示器上显示拍摄参数。

动画设定

AF-F 伺服对焦

与佳能 EOS 5D Mark III 相比,D800 在视频自动对焦方面也具有绝对的优势,AF-F 伺服对焦系统对焦快速,接近目前主流卡片机的对焦速度,而佳能 EOS 5D Mark III 在视频时的对焦速度实在不敢恭维。

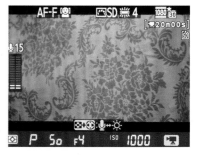

尼康 D800 支持 AF-F 伺服对焦

100% 视野率的光学取景器

D700 由于内置了闪光灯被很多人认为是不专业的表现,我认为主要原因是闪光灯占据了部分五棱镜光学取景器的位置,致使 D700 的光学取景器视野率只有 95%,相比 EOS 5D Mark II 和 α900 的约 100% 视野率才显得不够专业。

如今 D800 采用了全新的五棱镜,终于也达到了约 100% 视野率,在取景器方面也达到了专业级水平,而同时 D800 仍然内置了闪光灯,相比其他品牌全画幅单反更加实用。

全新 100% 视野率五棱镜

20 万次快门寿命

尼康 D800 的快门寿命高达 20 万次,并且快门时滞与 D4 持平,同为 0.042 秒。相比之下,采用了佳能最新研发的双马达驱动 + 凸轮驱动马达的 EOS 5D Mark III 只拥有 15 万次的快门寿命和 0.059 秒的快门时滞,对此我只能说尼康在机械核心部分的实力太强了,至于佳能,本人不发表任何观点。

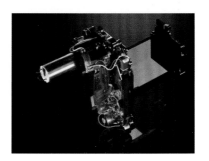

尼康 D800 快门组件

未来三年全画幅首选

尼康 D800 用 3630 万超高像素换来媲美中画幅的画质，但是也舍弃了高速连拍和牺牲了部分高感光度噪点抑制能力。D800 仍不失为一台完美的全画幅相机(世上本来就没有完美的事物)，但也许相对于主流全画幅相机而言，其取舍也许更是我们想要的结果。因为主流全画幅相机不需要 10 张/秒以上的连拍速度参加伦敦奥运会拍摄百米冲刺瞬间，也不需要 ISO102400 的超高感光度进行夜间科学探险拍摄，它只是让我们安心进行摄影创作的伙伴，记录我们身边精彩瞬间的工具，那么对于一款拥有镁铝合金专业机身、3630 万超高像素、51 个对焦点、9.1 万像素测光感应器、20 万次快门寿命以及 1080P 格式全高清视频拍摄的相机，我们还有什么不满之处？

相比当年 D700 对决 EOS 5D Mark II，由于像素、视频等方面因素导致略占下风不同，尼康 D800 此次对决 EOS 5D Mark III 则略占上风，因为其性能与画质的取舍更加适合其定位，在未来三年内都当之无愧是全画幅的首选。

尼康 D800 是未来三年全画幅相机的首选。

尼康 D800/D800E 机身解析

相机机身(一)

释放模式拨盘

释放模式拨盘锁定解除按钮

图像品质/图像尺寸/双键重设按钮

相机背带

白平衡按钮

感光度/自动ISO感光度控制按钮

包围按钮

电源开关

快门释放按钮

动画录制按钮

曝光补偿/双键重设按钮

曝光模式/格式化存储卡按钮

控制面板

配件热靴（用于另购的闪光灯组件）

焦平面标记

内置闪光灯

内置麦克风

闪光同步端子

闪光同步端子盖

10针遥控端子盖

10针遥控端子

闪光灯弹出按钮

外置麦克风接口

闪光模式/闪光补偿按钮

接口盖

USB接口

测光耦合杆

反光镜

镜头安装标记

镜头释放按钮

对焦模式选择器

AF模式按钮

耳机接口

HDMI迷你针式接口

相机机身(二)

AF辅助照明器/自拍
指示灯/防红眼灯

副指令拨盘

景深预览按钮

Fn按钮

相机电源连接器盖

电池舱盖锁闩

电池舱盖

CPU接点

机身盖

镜头卡口

三脚架连接孔

用于另购CM-D12
电池匣的接口盖

取景器

取景器接目镜

屈光度调节
控制器

AE/AF锁定
按钮

接目镜快门杆

测光选
择器

AF-ON按钮

删除/格式化存
储卡 按钮

播放按钮

主指令拨盘

多重选择器

MENU菜单按钮

存储卡插槽盖

保护/优化校准/
帮助按钮

对焦选择器锁定开关

放大播放按钮

扬声器

缩略图/缩小播放按钮

即时取景按钮

即时取景选择器

确定按钮

显示屏

环境亮度感应器

信息按钮

存储卡存取指示灯

控制面板（一）

快门速度
曝光补偿值
闪光补偿值
白平衡微调
色温
白平衡预设
曝光和闪光包围序列中的拍摄张数
白平衡包围序列中的拍摄张数
HDR曝光差异
多重曝光的拍摄张数
间隔拍摄的间隔数
焦距（非CPU镜头）

光圈（f值）
光圈（光圈级数）
包围增强
动态D-Lighting包围序列中的拍摄张数
每一间隔的拍摄张数
最大光圈（非CPU镜头）
PC模式指示

柔性程序指示

闪光同步指示

色温指示

光圈级数指示

曝光模式

CF卡指示

图像尺寸

SD卡指示

多重曝光指示

图像品质

HDR指示

白平衡
白平衡微调指示

曝光指示
曝光补偿指示
包围进程指示：
　曝光和闪光包围
　白平衡包围
　动态D-Lighting包围
　PC连接指示

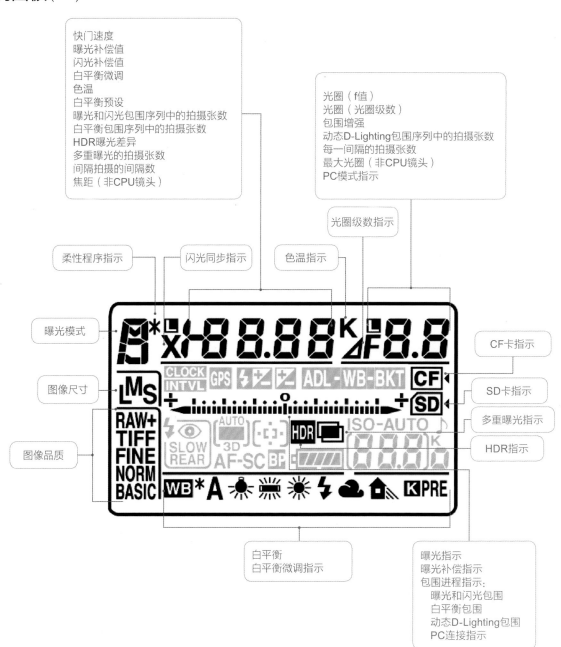

控制面板（二）

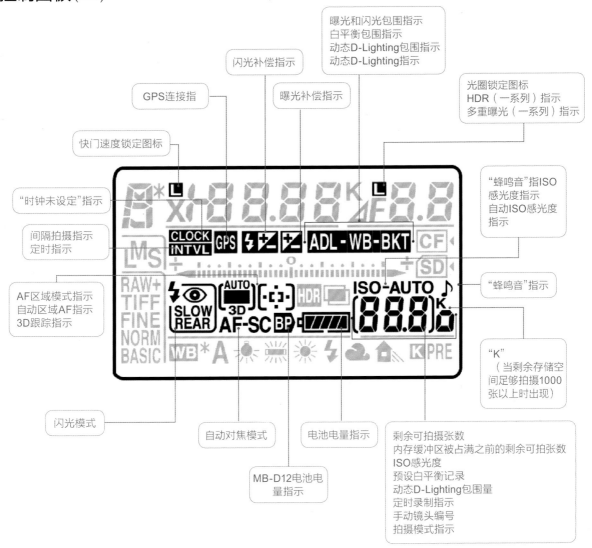

曝光和闪光包围指示
白平衡包围指示
动态D-Lighting包围指示
动态D-Lighting指示

闪光补偿指示

GPS连接指

曝光补偿指示

光圈锁定图标
HDR（一系列）指示
多重曝光（一系列）指示

快门速度锁定图标

"蜂鸣音"指ISO
感光度指示
自动ISO感光度
指示

"时钟未设定"指示

间隔拍摄指示
定时指示

"蜂鸣音"指示

AF区域模式指示
自动区域AF指示
3D跟踪指示

"K"
（当剩余存储空
间足够拍摄1000
张以上时出现）

闪光模式

自动对焦模式

电池电量指示

剩余可拍摄张数
内存缓冲区被占满之前的剩余可拍张数
ISO感光度
预设白平衡记录
动态D-Lighting包围量
定时录制指示
手动镜头编号
拍摄模式指示

MB-D12电池电
量指示

01

取景器显示

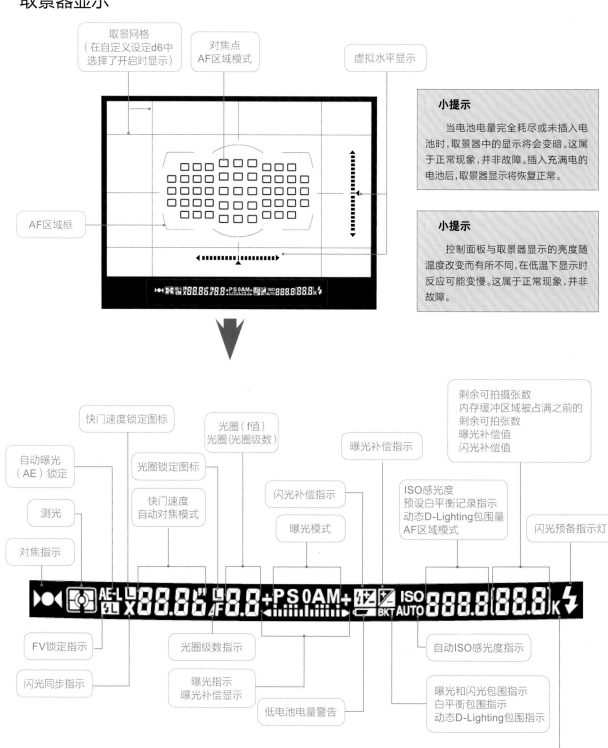

取景网格
（在自定义设定d6中
选择了开启时显示）

对焦点
AF区域模式

虚拟水平显示

AF区域框

小提示

当电池电量完全耗尽或未插入电池时，取景器中的显示将会变暗。这属于正常现象，并非故障。插入充满电的电池后，取景器显示将恢复正常。

小提示

控制面板与取景器显示的亮度随温度改变而有所不同，在低温下显示时反应可能变慢。这属于正常现象，并非故障。

快门速度锁定图标

光圈（f值）
光圈（光圈级数）

曝光补偿指示

剩余可拍摄张数
内存缓冲区域被占满之前的
剩余可拍张数
曝光补偿值
闪光补偿值

自动曝光
（AE）锁定

光圈锁定图标

闪光补偿指示

ISO感光度
预设白平衡记录指示
动态D-Lighting包围量
AF区域模式

测光

快门速度
自动对焦模式

曝光模式

闪光预备指示灯

对焦指示

FV锁定指示

光圈级数指示

自动ISO感光度指示

闪光同步指示

曝光指示
曝光补偿显示

低电池电量警告

曝光和闪光包围指示
白平衡包围指示
动态D-Lighting包围指示

"K"
（当剩余存储空间
足够拍摄1000张
以上时出现）

信息显示（一）

　　按下信息按钮时，显示屏中将会显示拍摄信息，其中包括快门速度、光圈、剩余可拍摄张数及 AF 区域模式。

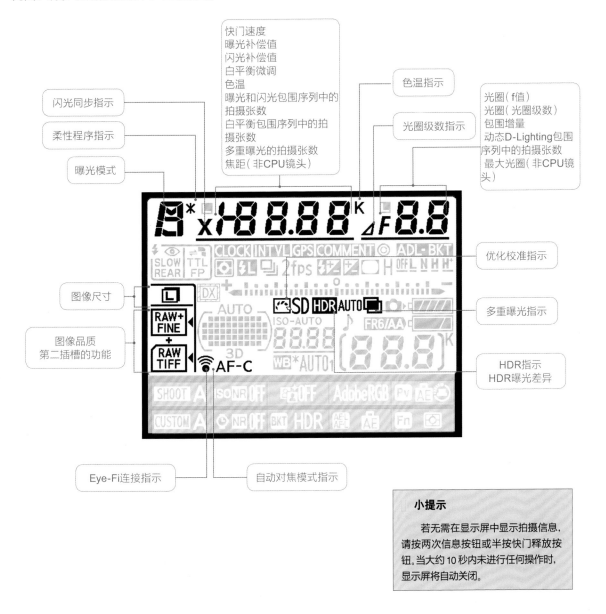

闪光同步指示

柔性程序指示

曝光模式

快门速度
曝光补偿值
闪光补偿值
白平衡微调
色温
曝光和闪光包围序列中的拍摄张数
白平衡包围序列中的拍摄张数
多重曝光的拍摄张数
焦距（非CPU镜头）

色温指示

光圈级数指示

光圈（f值）
光圈（光圈级数）
包围增量
动态D-Lighting包围序列中的拍摄张数
最大光圈（非CPU镜头）

优化校准指示

图像尺寸

图像品质
第二插槽的功能

多重曝光指示

HDR指示
HDR曝光差异

Eye-Fi连接指示

自动对焦模式指示

小提示

　　若无需在显示屏中显示拍摄信息，请按两次信息按钮或半按快门释放按钮。当大约 10 秒内未进行任何操作时，显示屏将自动关闭。

信息显示(二)

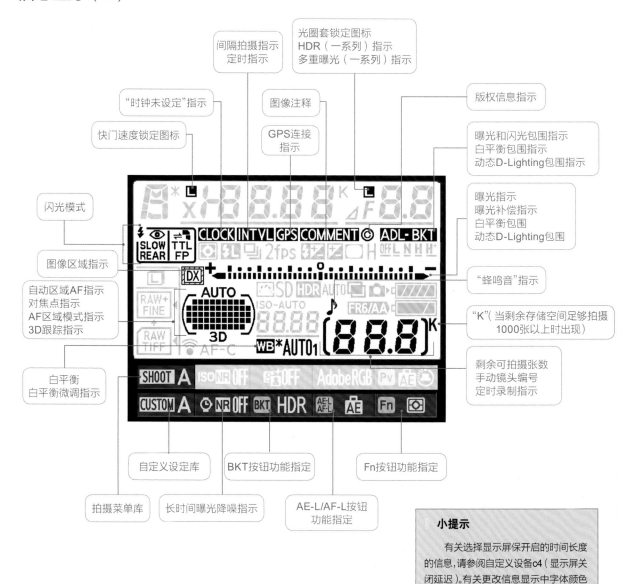

间隔拍摄指示
定时指示

光圈套锁定图标
HDR（一系列）指示
多重曝光（一系列）指示

"时钟未设定"指示

图像注释

GPS连接指示

版权信息指示

快门速度锁定图标

曝光和闪光包围指示
白平衡包围指示
动态D-Lighting包围指示

闪光模式

曝光指示
曝光补偿指示
白平衡包围
动态D-Lighting包围

图像区域指示

"蜂鸣音"指示

自动区域AF指示
对焦点指示
AF区域模式指示
3D跟踪指示

"K"（当剩余存储空间足够拍摄
1000张以上时出现）

白平衡
白平衡微调指示

剩余可拍摄张数
手动镜头编号
定时录制指示

自定义设定库

BKT按钮功能指定

Fn按钮功能指定

拍摄菜单库

长时间曝光降噪指示

AE-L/AF-L按钮
功能指定

小提示

有关选择显示屏保开启的时间长度
的信息,请参阅自定义设备c4（显示屏关
闭延迟）。有关更改信息显示中字体颜色
的信息,请参阅自定义d9（信息显示）。

信息显示（三）

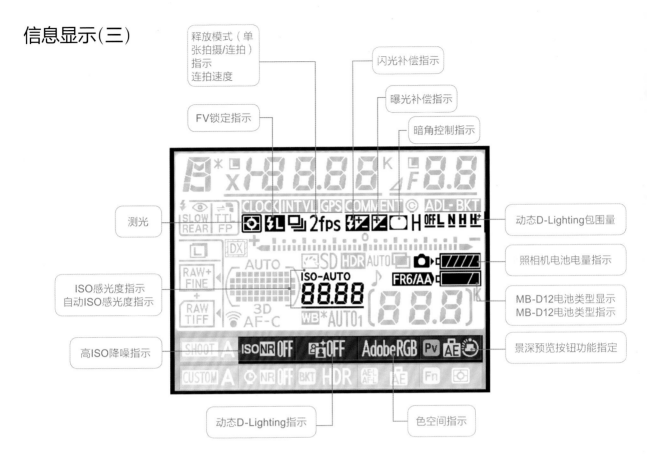

释放模式（单张拍摄/连拍）指示 连拍速度

闪光补偿指示

FV锁定指示

曝光补偿指示

暗角控制指示

测光

动态D-Lighting包围量

照相机电池电量指示

ISO感光度指示 自动ISO感光度指示

MB-D12电池类型显示 MB-D12电池类型指示

高ISO降噪指示

景深预览按钮功能指定

动态D-Lighting指示

色空间指示

更改信息中的设定

　　若要更改下列项目的设定，请在信息中按下信息按钮。然后使用多重
选择器加亮显示项目，并按下确定按钮查看加亮显示的选项。

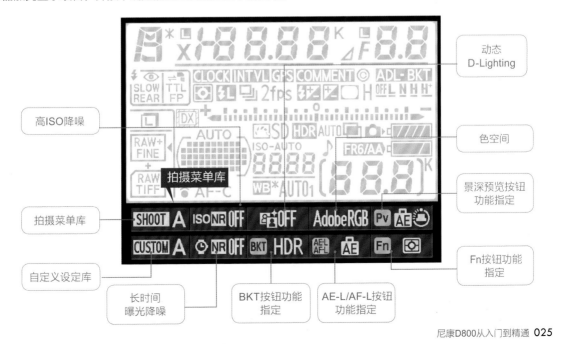

动态 D-Lighting

高ISO降噪

色空间

拍摄菜单库

景深预览按钮 功能指定

自定义设定库

Fn按钮功能 指定

长时间 曝光降噪

BKT按钮功能 指定

AE-L/AF-L按钮 功能指定

与 D700 操控的区别

专业级数码单反相机与入门级相机的主要区别之一就在于操控，专业级相机往往在机身上集成了更多可以直接进行设定的按钮，而入门级相机则大多数情况下只能进入菜单进行调节。

D800 作为专业级全画幅相机，在按钮设计上继承了 D700 的便捷性，但是也小有区别。主要表现在 D800 在左肩增加了调节包围曝光的 BKT 按钮，将 D700 的 AF 模式选择器改为了 LV 按钮（D700 集成在释放模式拨盘）并且增加了即时取景选择器；而 D800 的 AF 模式按钮则被设计在对焦模式选择器中央，按下之后转动主副拨盘进行调节。

D800 的锁定按钮还增加设定优化校准功能，方便用户第一时间进行拍摄校准。D800 还增加了独立的动画录制按钮，方便用户进行视频拍摄。另外，D800 还在释放模式拨盘中增加了 Q 静音拍摄模式。

机身正面按钮

专业级操控概述

D800 的操控非常爽快，同时兼顾左右手设计：用户在操作菜单时喜欢单手操作，使用多重选择器和多重选择器中央按钮可以进行大多数菜单调节，而如果喜欢双手操作的用户，可以用多重选择器和机身左下角的 OK 进行操作。

D800 在机身上集成了诸多独立调节按钮，可以快速完成各种拍摄设定。比如可以直接按下 **MODE** 加主指令拨盘来完成拍摄模式的切换，旋转测光选择器更改测光模式，旋转释放模式拨盘调节快门释放模式等。相机左肩集成调节感光度的 ISO 按钮，调节白平衡的 WB 按钮，调节画质的 **QUAL** 按钮，调节包围曝光的 BKT 按钮。如果用户需要快速切换对焦模式，可以调节机身前方的对焦模式选择器，而按下中央的 AF 模式按钮则可以快速调节 AF 对焦点数量和对焦方式，同时还可以通过对焦选择器锁定开关来决定是否锁定焦点等。

机身背面按钮

D800 还拥有强大的自定义按钮功能，包括 Fn、景深预览、AE-L / AF-L、BTK 等按键都可以进行自定义设定。用户可以根据自己的拍摄习惯和操作方式进行设定。

D800 专业的机身操控并非简单如上文所述，我们将在 MENU 菜单设置章节中穿插详细讲解。

机身顶部按钮

D800 新增按钮一览

新增视频拍摄按钮。

新增BTK包围曝光按钮和Q静音拍摄按钮。

新增AF模式按钮。

新增LV按钮和即时取景选择器。

> **小提示**
>
> 　　在菜单操作时,多重选择器中央按钮可以在绝大数情况下代替⑩的确认功能,但在某些特定情况下则只能按下⑩确认。

● 焦距：700mm
● 光圈：f/20
● 快门：1/60 秒
● 感光度：ISO200
● 曝光补偿：−0.7EV

part

02

曝光模式与曝光补偿

曝光模式

● 根据不同拍摄题材选择

D800并没有提供独立的曝光模式转盘，而是采用了 **MODE** +主指令拨盘的方式来选择曝光模式。D800只提供了P（程序自动）、S（快门优先自动）、A（光圈优先自动）及M（手动）模式。

D800并没有提供人像、风景、运动等曝光模式，也没有提供自定义功能，简单到了极致，当然并不是说D800曝光模式功能不够强大，而是对于专业级相机来说，这4种模式已经足够。

曝光模式功能解析

曝光模式	功能说明
P（程序自动）	相机自动控制快门速度和光圈值。在该模式下也可以通过转动主指令拨盘完成不同的光圈和快门设定，例如向左转动主指令拨盘可以缩小光圈来获得慢速快门拍摄瀑布，向右转动主指令拨盘来获得大光圈虚化效果拍摄美女。
S（快门优先自动）	手动选择快门速度，相机自动选择光圈大小来获得正确曝光，比较适合拍摄体育题材。
A（光圈优先自动）	手动控制光圈，把快门速度交给相机决定，适合进行人像或花卉等题材。
M（手动）	用户手动控制光圈值和快门速度，如果你想静下心来拍摄，或者外接了不支持TTL模式的闪光灯时，可以选择此项。

曝光模式确认

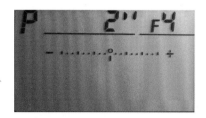

P（程序自动）

S（快门优先自动）

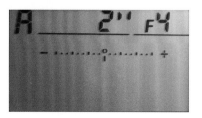

A（光圈优先自动）

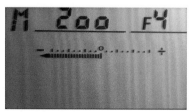

M（手动）

设定步骤 >

①按下 **MODE** 按钮不放。

②再按住 **MODE** 后旋转主指令拨盘即可。

小提示

在各种曝光模式中，一般主指令拨盘控制快门，副指令拨盘控制光圈。

各曝光模式适合的题材

● 善用各种曝光模式

对于大师而言,可以采用任何曝光模式拍摄任何照片,而对于入门级用户来说,还是善用各种曝光模式比较好。

P(程序自动)

可以理解为傻瓜模式,如果你经常出去旅游,拍摄那种"到此一游"的照片,选择此模式会非常合适。

适合P(程序自动)模式的题材

S(快门优先自动)

如果模特动作非常快,为了保证主体清晰,必须采用高速快门时,可以选择 S(快门优先自动)模式;而如果面对需要慢速快门表现的题材,比如瀑布,也可以选择该模式。

适合S(快门优先自动)模式的题材

A(光圈优先自动)

此模式最适合拍摄美女,尤其是拍摄虚化效果的唯美人像。如果要博得美女芳心,请善用此模式。

适合A(光圈优先自动)模式的题材

M（手动）

　　M（手动）模式在摄影棚内拍摄时使用较多，因为影室闪光灯无法支持 TTL 曝光，为了获得正确曝光，手动控制光圈值和快门速度。

适合M（手动）模式的题材

曝光补偿

● 在自动或半自动曝光模式下增加或减少曝光

　　曝光补偿按钮有两个功能，我们先说第一个，即再熟悉不过的曝光补偿功能，按下该按钮再转动主指令拨盘即可进行曝光补偿。D800支持-5EV—+5EV的曝光补偿，并且能以最小1/3EV的步长进行调节。

曝光补偿按钮

M挡调节曝光补偿不影响快门与光圈。

负补偿

正补偿

0补偿

曝光补偿实例

-0.5EV　　　　　　　　　0EV　　　　　　　　+0.5EV

双键重设

● 恢复相机默认设定

　　曝光补偿按钮第二个功能是与图像品质按钮（这两个按键都有一个绿点）组成双键重设，恢复拍摄菜单和其他设定为默认值。在重设期间控制面板会暂时关闭。

图像品质按钮

可双键重设的选项

选项	默认设定
图像品质	PEG标准
图像尺寸	大
白平衡	自动
微调	A-B：0 G-M：0
优化校准设定	未修改
HDR（高动态范围）	关闭
ISO感光度	过100
自动ISO感光度控制	关闭
多重曝光	关闭
间隔拍摄	关闭

● 焦距：50mm
● 光圈：f/1.4
● 快门：1/320 秒
● 感光度：ISO100

自动对焦与测光模式

自动对焦

● 体验D800的对焦之强

　　D800 仍然采用 Multi-CAM 3500FX 对焦系统，相比 D700 在对焦点数量上并没有改变，仍然为 51 点设计（其中包括 15 个十字型感应器），但是却增加了 11 个感应器用来在 f/8 光圈时支持自动对焦，在使用尼康增距镜时也可以实现自动对焦且拥有最高的对焦精度。

　　D800 的对焦系统全部可以通过机身的对焦模式选择器、AF 模式按钮＋指令拨盘、对焦选择器锁定开关来完成，无需进入菜单进行调节。强大的机身对焦操控能力是一款专业级相机必备的素质之一，D800 显然做到了最好。

对焦模式选择器

对焦模式选择器

　　对焦模式选择器可以用来切换相机的MF（手动对焦）与AF（自动对焦），设计在机身左前方，用户可以通过左手无名指来回切换。

小提示

　　MF（手动对焦）在一些特殊摄影中会用到，比如虚焦拍摄或微距拍摄。

微距摄影中可能会用到MF（手动对焦）。

AF模式按钮

AF模式按钮位于对焦模式选择器中央，可以通过机身的主副指令拨盘来设置不同的AF模式或选择对焦点数量。

AF模式按钮+主指令拨盘可以切换相机的AF模式，有AF-S和AF-C可选。AF-S为单次伺服AF，在半按快门时对焦点锁定；AF-C为连续伺服AF，半按快门时并不会锁定对焦点，而会根据相机移动或取景器中的景物来改变对焦点。两种对焦模式各有优势，如果拍摄的是静物或人像，可以选择AF-S模式；而在体育摄影、生态摄影等题材中，建议选择AF-C模式。

AF模式按钮+副指令拨盘可以切换AF区域模式，包括单点AF、9点动态区域AF、21点动态区域AF、51点动态区域AF、3D跟踪AF和自动区域AF。其中AF-S模式只支持单点AF和自动区域AF，而AF-C模式则支持全部AF区域模式。

设定步骤 >

①按住AF模式按钮。

②再转动主指令拨盘即可。

①按住AF模式按钮。

②再转动副指令拨盘即可切换。

AF区域模式解析

AF区域模式	说　明
单点AF	通过多重选择器来选择对焦点，相机对焦时仅针对选择的对焦点进行合焦。
9、21、51点动态区域AF	与单点AF一样，通过多重选择器来选择对焦点，相机对焦时仅针对选择的对焦点进行合焦，但是当拍摄对象短暂偏离焦点时，相机会根据周围对焦点信息进行对焦。
3D跟踪AF	在AF-C模式下，如果拍摄对象偏离了所选的焦点，相机会根据拍摄对象的移动自动重新选择对焦点。
自动区域AF	相机自动侦测拍摄对象并选择对焦点。

控制面板显示

AF-S模式

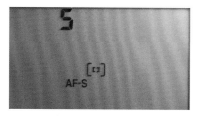

AF-S：单点AF

AF-S：自动区域AF

AF-C模式

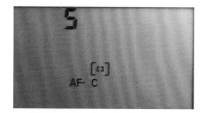

AF-C：单点AF

AF-C：9点动态区域AF

AF-C：21点动态区域AF

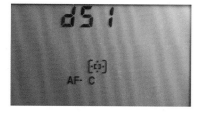

AF-C：51点动态区域AF

AF-C：3D跟踪AF

AF-C：自动区域AF

焦点锁定

　　单点AF、9点动态区域AF、21点动态区域AF、51点动态区域AF都可以通过多重选择来选择对焦点，而如果想以固定的焦点进行锁定时，只需将对焦选择器锁定开关拨到"L"位置即可，当需要再次切换焦点时，还原到"●"位置即可。

对焦选择器锁定开关

灵活运用自动对焦

● 根据不同拍摄题材选择相应的对焦模式

　　灵活运用自动对焦系统是一个专业摄影师必备的技能之一,针对不同拍摄题材选择相应的对焦模式,可以获得最佳的拍摄效果。自动区域AF为全能选手,可以胜任任何题材,但是相比之下又比较中庸,建议在旅游、聚会时设置该对焦模式。

　　在右图这种生态摄影题材中,可选择AF-C连续伺服对焦模式,并选择3D跟踪对焦,相机就会自动跟踪主体移动并改变对焦点数量和合焦位置,使照片达到最佳效果。

AF-C+3D跟踪

　　在拍摄人像时,可以选择AF-S单次伺服对焦模式+单点AF+焦点锁定的设置,将对焦点选择在画面右上角的人脸位置,方便构图。

小提示

　　在个人设定菜单中可以设定对焦点数量,如果选择11个对焦点,那么通过多重选择器选择时只能切换11个;而选择51个对焦点,则可以选择全部的对焦点。

AF-S+单点AF+焦点锁定

测光系统

● 根据不同环境和题材进行设定

与对焦系统一样,测光系统性能是否强大、操作是否方便也是衡量一款相机是否专业的重要依据。在测光系统上,尼康D800采用了与D4同级别的9.1万像素矩阵测光系统,而EOS 5D Mark III为了与高端的EOS-1DX拉开差距,并没有采用10万像素RGB测光感应器,只采用了iFC 63区双层测光感应器,与7D的测光系统完全一样,因此在测光性能上,尼康D800毫无疑问强于EOS 5D Mark III,也足见尼康对D800的用心。

测光模式选择

D800测光系统支持矩阵测光、中央重点测光和点测光三种,可以通过机身后方的测光选择器进行切换,非常直观。

测光模式解析

测光模式	说 明
矩阵测光	即全局测光,相机根据色调、构图及距离信息对取景器中全画面进行测光,适合拍摄大部分摄影题材,如风光等。
中央重点测光	相机同样针对全画面进行测光,但是偏重于中央区域,适合拍摄花卉等题材。
点测光	相机根据选择对焦点位置的4mm直径范围(约占画面的1.5%)进行测光,适合拍摄人像等题材。

灵活运用测光系统

灵活运用测光系统是一个摄影师的必备素质之一,我们经常听见初学者发出这样的感叹:"唉,又曝光过度了!""唉,又曝光不足了!"如果你不想被归为低水平摄影师,好好研究一下测光系统吧!

测光模式:矩阵测光

　　上图是一张常见的风光照片,在此类题材中,矩阵测光几乎是唯一正确的选择,如果选择中央重点测光或点测光很容易曝光过度或曝光不足。

测光模式:中央重点测光

　　图中,菊花主体占据画面中央大部分位置,但是四周较暗,因此采用中央重点测光,如果采用矩阵测光会使画面曝光过度,而采用点测光则会曝光不足。

测光模式:点测光

　　逆光拍摄人像时,点测光是唯一的选择,因为选择矩阵测光和中央重点测光都会使主体曝光过度。

D800测光的真正强大之处

● 强大的矩阵测光和点测联动功能

如果说其他品牌相机只要摄影师灵活运用测光系统也能拍摄出唯美照片的话,那么下面两张照片则足以说明D800测光系统的真正强大之处。

D800拍摄

其他品牌相机拍摄

黄昏拍摄时,由于环境已经整体偏暗,采用其他品牌相机拍摄时,平均测光测出的曝光值会使画面变亮,无法拍摄出黄昏的感觉,除非使用曝光补偿或M挡手动模式。而D800的矩阵测光系统则可以检测出黄昏场景,自动给出符合黄昏场景的曝光值,并且白平衡也会与其联动。

点测联动

　　即在点测光时，点测光系统随着焦点位置的变化而改变测光值，若不支持，则只有中央对焦点位置可以进行点测光。

　　D800点测光支持点测联动功能，而其他品牌绝大多数都不支持（包括EOS 5D Mark III），因此采用其他品牌相机拍摄人像时，往往需要先构图，按下AE锁定后，再对焦拍摄，非常麻烦。而D800则可以在选择的任意对焦点位置执行点测光，直接构图拍摄即可。

用D800点测联动拍摄。

用不支持点测联动的相机拍摄。

● 焦距：28mm
● 光圈：f/16
● 快门：1/500 秒
● 感光度：ISO200

释放模式与闪光模式

释放模式

● 不同拍摄题材设置不同

　　释放模式转盘是用来设定相机的快门释放时的选项，包括S（单张拍摄）、CL（低速连拍）、CH（高速连拍）、Q（静音快门释放）、自拍和Mup（反光板弹起）模式等，用户可以根据不同的拍摄题材进行选择。

　　灵活运用释放模式同样重要，也是有经验的摄影师和初学者的重要区别，此项配合自动对焦、测光等设定灵活设置，可使拍摄效果更加理想。

释放模式解析

释放模式	说　明
S（单张拍摄）	每按一次快门拍摄一张照片。
CL（低速连拍）	按下快门相机会以设定的速度进行连拍。
CH（高速连拍）	按下快门启动高速连拍，一般为4张/秒，加MB-D12手柄可达5张/秒，根据图像尺寸不同会有变化。
Q（安静快门释放）	关闭蜂鸣音，并且拍摄时只有松开快门按钮时反光板才会回落，可以减小声音。
⏱自拍	用于人像拍摄或者减少相机震动时拍摄。
Mup（反光板弹起）	拍摄前预升反光板来减少震动。

按下释放模式转盘锁定按钮，再转动释放模式转盘选择相应模式即可。

CL低速连拍

　　在拍摄人像时，往往模特要摆一些姿势才会使照片看上去更加自然，在这种模特动作较小的拍摄题材中，可以开启CL低速连拍。

小提示

　　CL（低速连拍）、CH（高速连拍）拍摄时不要弹起内置闪光灯，不然会导致快门无法释放。

CH高速连拍

左边这张照片采用CH高速连拍模式拍摄，选择3D跟踪对焦和矩阵测光，精确地捕捉到了人物跳跃时的精彩瞬间。

⏱ 自拍

自拍不一定用于自己给自己拍照，还可以在弱光环境中用三脚架拍摄时使用，可以有效防止按下快门时产生的震动。

Mup反光板弹起

如果用户拍摄类似左图采用长焦镜头拍摄的题材时，可以选择Mup（反光板弹起）模式，避免长焦拍摄时因反光板震动而使画面模糊。

闪光模式

● 高手进阶设定

摄影是用光的艺术，如果手头没有专业级的外置闪光灯，那么不妨先从相机自带的闪光灯用起，一步一步让自己成为真正的摄影高手。

闪光灯模式

D800可以通过机身的 **⚡** +指令拨盘来改变闪光模式和闪光补偿。具体操作方法为，按下 **⚡** ，旋转主指令拨盘可更改闪光模式，包括前帘同步、防红眼、防红眼带慢同步、慢同步、后帘同步。

设定步骤 >

①按下 **⚡** 保持不放。

②旋转主指令拨盘，即可选择闪光灯模式。

闪光模式解析

功　能	说　明
前帘同步	大多数情况下适用，在程序自动和光圈优先模式下，快门速度自设定为1/250s至1/60s，如果闪光灯支持高速同步最高可支持到1/8000s。
防红眼	防红眼指示灯会在主闪激发时点亮1秒，使拍摄对象瞳孔收缩来防止红眼产生。但由于有1秒的时滞，不建议拍摄人像以外的题材时使用。
防红眼慢同步	在程序自动和光圈优先模式下，结合慢同步来防止红眼产生。此项为拍摄夜景人像时的首选，可同时保证人像和背景都获得足够的曝光。
慢同步	闪光灯与最低至30秒的快门速度相结合，仅用于程序自动和光圈优先模式，与防红眼慢同步的区别是不会防红眼。
后帘同步	在快门优先和手动曝光模式中，闪光灯在快门即将关闭时闪光，用于在移动物体之后产生一道光线轨迹的效果，而在程序自动和光圈优先模式中开启，可同时捕捉到拍摄对象和背景。

闪光灯模式控制面板信息

前帘同步

防红眼

防红眼带慢同步

慢同步

后帘同步

闪光模式实例

前帘同步

慢同步

后帘同步

设定步骤 >

闪光补偿

闪光补偿可以通过闪光补偿按钮+副指令拨盘来调整,用来控制闪光灯输出的亮度。

①按下闪光补偿按钮。

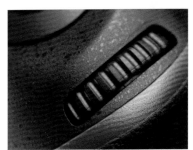

②再旋转副指令拨盘。

闪光补偿控制面板信息

闪光补偿:负补偿

闪光补偿:0补偿

闪光补偿:正补偿

闪光补偿实例

闪光补偿:−0.7EV

闪光补偿:0EV

闪光补偿:+0.7EV

● 焦距：90mm
● 光圈：f/13
● 快门：1/160 秒
● 感光度：ISO200

part

05

即时取景和动画拍摄

即时取景

● 真正的所见即所得

D700虽然也支持即时取景拍摄,但其实和没有也差别不大,因为使用起来实在太不方便了,拍摄一张照片要好几秒的时间!此次D800全面加强了即时取景拍摄能力,不仅对焦功能全面提升,在操控上也更加简洁。

即时取景模式是真正的所见即所得!单反相机的光学器取景虽然没有旁轴相机和双反相机的视差问题,但是在取景器中无法确认照片的曝光、景深、白平衡、对焦点是否真正在主体上(别忘了再强的对焦系统也会存在跑焦可能)等。而采用即时取景拍摄,则完全没有这些烦恼,我们在LCD显示屏上看到的即拍摄到的 。

即时取景拍摄按钮

增加独立即时取景按钮

D800上增加了独立即时取景按钮。将即时取景选择器设在拍摄位置,再按下即时取景按钮,即可进入即时取景拍摄界面。

即时取景功能设定

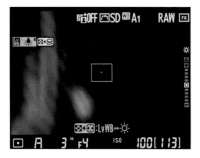

按下 🔍 再转动指令拨盘可调整白平衡。

按下 🔍 再按下 ▶ 可切换显示屏亮度调整(不影响最终照片效果)。

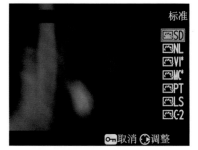

按下 🔘 可设定优化校准。

按下信息按钮可设定屏幕信息显示,如下图所示:

信息显示开启

信息显示关闭

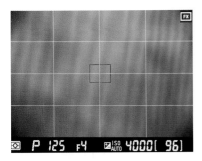

构图参考

虚拟水平

优秀的反差对焦系统

● 提升即时取景对焦速度

其实D700即时取景拍摄最遗憾的就是其缓慢的对焦速度。在即时取景时,由于反光板升起,光线直接进入传感器而无法进入相位式检测对焦系统,因此只能使用传感器反差式对焦系统,但是之前D700的反差式对焦系统实在够烂,需要几秒种的时间才能准确合焦。

自动对焦模式

此次D800的即时取景反差式对焦系统在速度上大幅提高,以AF-S单次伺服AF为例,几乎在1秒内即可完成合焦,同时D800还支持AF-F全时伺服AF,可以实时针对主体进行对焦,速度也同样非常快速。

设定步骤 >

①按下AF模式按钮。

②再拨动主指令拨盘即可。

对焦模式	说　明
AF-S单次伺服AF	适合拍摄静止题材,半按快门锁定对焦,与光学取景器AF-S模式功能相同。
AF-F全时伺服AF	适合拍摄运动题材,相机在不按快门时自动跟踪主体,按下快门时对焦锁定。

自动对焦模式在LCD显示屏中的显示,如下图所示:

AF−S单次伺服AF

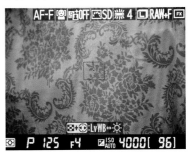

AF−F全时伺服AF

AF区域模式

设定步骤 >

D800同样支持AF区域模式选择,包括脸部优先AF、宽区域AF、标准区域AF和对焦跟踪AF可选,具体含义见表格。

①按下AF模式按钮。

②再拨动副指令拨盘即可。

功　能	说　明
脸部优先AF	适用于人像拍摄,相机会自动识别人脸,并以黄框作为标识,最多支持35张人脸识别,如果想在对焦时切换不同的人脸,可以通过多重选择器选择。
宽区域AF	适用于手持拍摄或非人像拍摄,可以将焦点移至画面中任何位置。
标准区域AF	适用于精确对焦,同样可以将焦点移至画面任何位置,推荐使用三脚架拍摄。
对焦跟踪AF	将对焦点置于要拍摄的对象上并按下多重选择器中央按钮,对焦点将跟随对焦的主体移动。

AF区域模式在LCD显示屏中的显示,如下图所示:

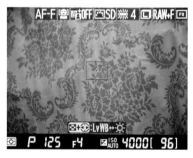

脸部优先AF

宽区域AF

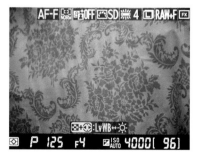

标准区域AF

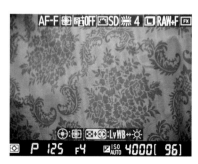

对焦跟踪AF

> **小提示**
>
> 单次伺服 AF 模式也支持上述所有 AF 区域模式。

动画拍摄

● 部分设定与即时取景相同

即时取景/动画拍摄按钮

相比D700，D800的动画拍摄也是全新加入的功能，关于动画功能的介绍参见Part01中《尼康D800/D800E全新功能与机身解析》，动画拍摄的对焦模式与AF区域设定与即时取景相同，这里不再赘述。

将即时取景选择器选择在动画位置，再按下Lv即可进入动画拍摄模式。

动画拍摄设定

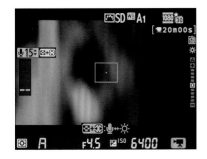

按下e☒和多重选择器◀▶可以调整麦克风灵敏度。

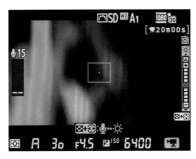

按下e☒和多重选择器▲▼可以调整显示屏亮度。

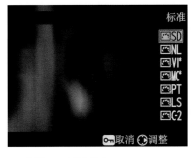

按☒可设定优化校准。

按☒可设定屏幕显示信息，如下图所示：

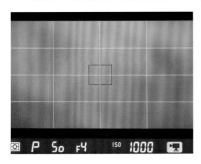

信息显示开启

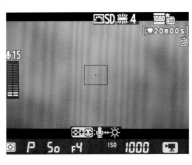

信息显示关闭

直方图

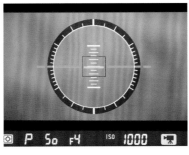

虚拟水平

● 焦距：18mm
● 光圈：f/9
● 快门：1/125 秒
● 感光度：ISO200

part

06

菜单基本操作和播放菜单

06

菜单基本操作

● 分为"播放菜单"、"拍摄菜单"等6项

菜单解析

　　D800 相机的菜单操作与尼康之前相机的风格完全相同，因此对于尼康老用户来说上手会非常方便。为了使用户能够更容易理解后文菜单中的操作方式，在此我们将详细介绍菜单的基本操作。

　　D800的菜单共分为6项，分别是 ▶ 播放菜单、 ◘ 拍摄菜单、 ⊘ 自定义设定菜单、 ⎇ 设定菜单、 ⎙ 润饰菜单和 ⊟ 我的菜单，其中 ⊟ 我的菜单还可以设置为"最近的设定"，而 ⊘ 自定义设定菜单内部还包含a自动对焦、b测光/曝光、c计时/AE锁定、d拍摄/显示、e包围/闪光、f控制、g动画等。

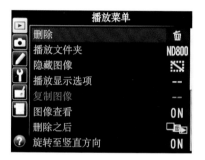

▶ 播放菜单

◘ 拍摄菜单

⊘ 自定义设定菜单

⎇ 设定菜单

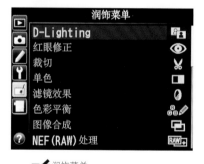

⎙ 润饰菜单

我的菜单

 最近的设定

> **小提示**
>
> 　　在菜单的标签页中按多重选择器的 ▶ 即可进入该页的菜单项目，按 ◀ 则可返回标签页选择界面。部分选项无法按 ◀ 返回上一界面。

菜单项功能

选　项	功　能　说　明
▶ 播放菜单	播放照片或动画时的选项，如删除、播放显示选项等。
◻ 拍摄菜单	拍摄照片时的选项，如图像品质、HDR、动态 D-Lighting 等。
✐ 自定义菜单	拍摄菜单的进阶选项，提供个人不同操作习惯的设定，比如自动对焦、测光 / 曝光等。
⏽ 设定菜单	相机的基本设定菜单，包括时间和日期、虚拟水平仪等。
🖌 润饰菜单	后期处理图片或动画的选项，包括裁切、图像合成等。
🖹 我的菜单	个人常用项目设置菜单，可以添加项目、为项目排序等，如果切换为最近的设定，则显示最近调整的项目。

☞按钮的作用

在D800菜单操作时，如果遇到了某一项目不知其含义，可以按下机身上的☞，相机就会显示该项目的说明（前提是在LCD显示屏左下角有"？"标识）。不过相机自带的提示非常简单，只能简单地说明该项目的定义，所以还是大家好好阅读本书吧！

设定步骤 ＞

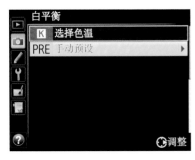

①如果不知道手动预设白平衡是什么意思时，按下☞按钮即可开启帮助。

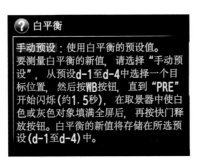

②LCD显示屏上会显示该项目的含义。

删　　除

● 按需求删除多张照片的功能

　　使用D800拍摄完成后，可按下播放按钮查看照片，如果对照片不满意，则可按下删除按钮删除；如果需要删除所有照片，可以选择格式化存储卡；而要选择性地删除照片时，删除功能就可以派上大用场了。

　　删除功能分为两种：所选图像可以删除用户选择的一张或多张照片；ALL 全部可将存储卡内的全部照片删除，其效果近似于格式化。

设定步骤 > 所选图像删除法

①选择删除。

②选择所选图像。

③将黄色选框通过多重选择器▲▼◀▶选择要删除的照片上，按下多重选择器中央按钮，当照片上出现🗑图标时，再按下⊛。

④选择是完成删除。

小提示

　　请谨慎使用格式化功能，因为这样会删除存储卡上所有的内容，而且频繁格式化会严重影响存储卡的寿命。因此 ALL 全部删除是更稳妥的选择，不过，它的缺点是只能删除相机能够识别的图像，除此以外的内容无法删除。

设定步骤 > **ALL全部删除法**

①选择**删除**。

②选择**ALL全部**。

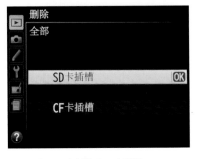

③选择**SD卡插槽**或**CF卡插槽**。

④选择**是**完成删除。

小提示

在存储卡容量允许的情况下，不建议从相机上直接删除或格式化所有照片。

播放文件夹

● 根据需求播放存储卡文件夹中的照片

播放文件夹可以设定需要播放的文件夹目录，ND800会播放使用D800拍摄的照片；**全部**会播放所有存储卡内的照片；**当前**则会播放指定文件夹目录中的照片。

设定步骤 >

①选择**播放文件夹**。

②选择相应的选项后按下⊙即可。

隐藏图像

● 设定隐私照片不被他人看到

如果用户拍摄了不便被他人看到的照片，**隐藏图像**功能就显得非常重要了！**隐藏图像**是指在播放照片时，设定某些照片不被播放，充分保护自己的隐私。

设定步骤 > 选择/设定

①选择**隐藏图像**。

②按下▶进入**选择/设定**选项。

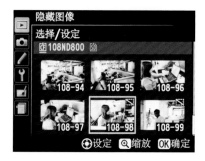

③选择要隐藏的照片后，按下多重选择器中央按钮确认，再按⊙即可。

设定步骤 > 取消全部选择？

①选择**隐藏图像**。

②选择**取消全部选择**？后选择**是**或**否**。

小提示

对于商业摄影师来说，**D800** 的**隐藏图像**功能很实用，因为在商业摄影领域，有很多涉及商业机密的照片不能被他人看到。

幻灯播放

● 适合查看所有拍摄的照片

　　幻灯播放可根据拍摄顺序播放存储卡内的全部照片，通过**画面间隔**设定可以选择每张照片播放的时间。该功能适合采用HDMI接口连接高清电视后，与家人共同欣赏自己的作品。

设定步骤 >

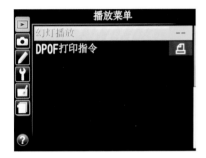
①选择**幻灯播放**。

②选择**图像类型**。

③选择**播放静止图像和动画**还是**仅静止图像**或**仅动画**。

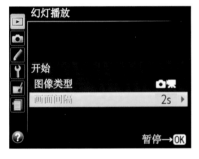
④选择**画面间隔**。

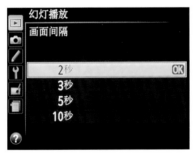
⑤选择**间隔时间**长短。

⑥选择**开始**后按下⊛进行播放。

幻灯播放时的播放操作

后退/前进	(方向键)	按下◀▶来调节照片的前一张或后一张。
查看其他照片信息	(方向键)	按下▲▼更改照片显示的信息。
暂停/恢复播放	⊛	暂停或恢复幻灯播放。
退回到播放模式	▶	结束幻灯播放退回到缩略图播放或全屏。
退回播放菜单	MENU	结束幻灯播放并返回到播放菜单。
进入拍摄模式	📷	半按快门释放按钮退回到拍摄模式。

06

播放显示选项

● 设置播放时确认的信息

播放显示选项可以在播放照片时，利用多重选择器来设定需要显示的信息，如RGB直方图、高亮显示、对焦点显示等，给用户判断拍摄的照片提供一些参考。

设定步骤 >

①在播放菜单上选择**播放显示选项**。

②在相应的选项上按▶，然后将光标移至**完成**按⑥即可。

不必尽信播放信息提示

可以通过查看RGB直方图和高亮显示判断照片曝光是否准确等，查看对焦点判断是否在主体上对焦。不过，由于每个人对曝光的偏好不同，焦点也可能不在主体上画面才更唯美，因此，这些显示信息只供参考，不必尽信。

设置**高亮显示**后，这张照片的上方出现高亮提示，但是此照片是为了表现出朦胧的晨光色调，稍微曝光过度反而更加唯美，因此不必调整。

设置**对焦点显示**后,焦点会提示在肩部位置,此照片表现的是女孩子一种忧郁的情愫,虽然通常焦点应该在脸部或头发上,但是渐渐模糊的发丝和阳光下曝光过度的面容,更好地突出了主题。

设置**RGB直方图显示**后,信息会显示照片曝光不足,然而此照片是为了刻画黄昏中金黄的狗尾草,因此背景曝光不足更能衬托主体。

复制图像

● 备份或需要传给别人时的方便设置

尼康D800的双卡槽设计,具备**复制图像**功能,可以将插槽1中存储卡的图像复制到插槽2中,防止重要图像丢失。当然,也可以在拍摄完美女之后,将照片直接拷贝给美女,不过根据经验,还是把照片修好之后再传给美女比较好!

设定步骤 一 >

①选择**复制图像**。

②选择**SD卡插槽**或**CF卡插槽**（如果选择SD卡插槽则只能复制到CF卡插槽中，反之亦然）。

③选择图像所在文件夹。

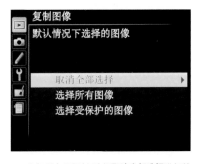

④如果少量复制，选择**取消全部选择**进行单张照片选择即可；如果要全部复制，则可选中**选择所有图像**；而如果要复制曾经用锁定按钮保护过的图像，那么就应选择**选择受保护的图像**。

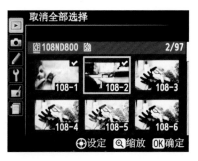

⑤如果选择**取消全部选择**，则需按下多重选择器中央按钮来选择图像，选中的图像上会出现"√"图示；如果选中**选择所有图像**，会发现所有图像都出现了"√"图示；而选中**选择受保护的图像**，之前保护的图像都将出现"√"图示。而无论选择哪个选项进行图像选择，按下⊛都将进入下一个选项。

> **小提示**
>
> D800 的**复制图像**功能特别适合在旅行度假时与朋友共享照片。

设定步骤 二 >

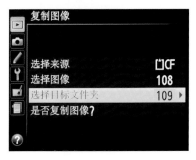

⑥进入**选择目标文件夹**选项（相机自动选择另外一个插槽中的存储卡）。

⑦**按编号选择文件夹**可以直接输入3位数字编号，如果该文件夹并不存在，那么相机会自动建立；**从列表中选择文件夹**则可以选择目标存储卡中已有的文件夹。

⑧确认以上步骤后，在**是否复制图像?** 选项上按下⊛即可。

⑨选择是否复制。

⑩复制完成后按⊛结束。

小提示

　　如果插槽 2 中的存储卡空间不足，那么将无法完成复制。此外，已经隐藏的隐私照片无法复制，而复制保护影像，保护状态将不会消失。

　　另外需要注意的是，如果复制大量照片，会比较耗电，复制过程中如果断电，可能会造成存储错误，因此，最好在复制前先确认一下电量。

删除之后

● 先选择好前后顺序

设定步骤 >

　　删除之后是设定删除照片后，显示前一张还是后一张照片，或根据之前操作的播放顺序，选择向前还是向后播放。

①进入**删除之后**选项。

显示下一幅	删除后显示下一张照片，如果删除的是最后一张，那么将显示前一张照片。
显示上一幅	删除后显示上一张照片，如果删除的是第一张照片，那么将显示下一张照片。
继续先前指令	滚动查看照片时如果与拍摄顺序相同，则与显示下一幅效果相同，如滚动顺序与拍摄顺序相反，则效果等同于显示上一幅。

②选择相应的选项。

旋转至竖直方向

● 决定竖幅照片是否竖直方向显示

也许你有过这种烦恼，在频繁拍摄一些横幅和竖幅照片后，播放照片时遇到竖幅的照片总得将相机旋转90°才能方便查看，遇到横幅照片又要将相机持平，非常麻烦。**旋转至竖直方向**就是为解决此烦恼而设计的，开启之后，竖幅拍摄的照片将自动旋转90°，而横幅拍摄的照片不受影响。此选项建议设定为开启！

设定步骤 >

①进入**旋转至竖直方向**选项。

②选择**开启**与**关闭**中的一项。

DPOF打印指令

● 打印照片时简单设定

DPOF打印指令可以在相机与打印机连接时,设定需要打印的照片与张数。打印完成后,如果想要解除所有已设定的内容,只需选择**取消全部选择？**即可。

打印日期

日期和拍摄信息可在照片的右下角显示,不过,现在已经很少人会在拍摄的照片上加这些信息了,因为它们会影响照片的美观,同时也会干扰视觉中心。

设定步骤 >

①进入**DPOF打印指令**。

②进入**选择/设定**选项。

③选择需要打印的照片。

④选择是否打印**打印拍摄数据**和**打印日期**,完成选项后按下**OK**进行打印。

⑤如果想解除所选择内容,需选择**取消全部选择？**。

小提示

RAW 格式无法进行打印,如果要打印需先将其转换为 TIFF 或 JPEG 格式。

● 焦距：180mm
● 光圈：f/11
● 快门：1/125 秒
● 感光度：ISO200

part

07

拍摄菜单

拍摄菜单库

● 按不同题材分别设定拍摄菜单

　　对摄影人而言，**拍摄菜单库**是最为实用的内容之一，在这里可以设置相应的拍摄设置组合，以实现不同的拍摄目的。操作很简易，建议读者在D800上自行设定。

　　也许你有过这样的烦恼——在公园里专心致志地使用微距模式拍摄花草时，突然一个时尚LADY出现在你的视线里，当你想抓拍时，却发现自己的相机设置不对，懊恼异常。而有了拍摄菜单库功能则能化解这个烦恼，快速从适合拍摄微距的菜单组合切换到拍摄人物的菜单组合。

　　拍摄菜单库功能共有4个项目，可分别储存不同的拍摄设定，灵活掌握可以在拍摄不同题材时不再手忙脚乱。即使在某一项进行了微调，也不会影响其他组合的设定。

设定步骤 >

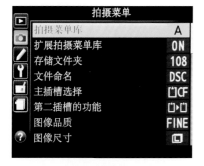

①进入**拍摄菜单库**选项。

②在A、B、C、D中选择一个需要变更的值。

③输入菜单库名称。

④按⊛选择已设定好的菜单库进行拍摄。

小提示

　　如果你想将设定好的拍摄菜单库恢复到初始设定，选择相应的菜单库后，只需按下🗑，再按⊛即可。

扩展拍摄菜单库

● 根据需求来设定

　　扩展拍摄菜单库选择**开启**后，A、B、C、D共4个菜单库中任何一个都会记录曝光模式、快门速度（S和M模式）及光圈（A和M模式）信息，可以选择相应的菜单库随时启用；如果选择**关闭**则可恢复选择开启之前的设定。

设定步骤 ＞

①进入**扩展拍摄菜单库**选项。　　　　②选择**开启**或**关闭**。

文件命名

● 更方便地整理照片

　　D800默认拍摄的照片都是以DSC开头，然后按顺序命名后四位，文件命名则可以将DSC以任意3个字符代替，比如摄影师名字的前3个字母。

设定步骤 ＞

①选择**文件命名**。　　②此项内显示当前**sRGB**和**Adobe RGB**的命名规则，在**文件命名**选项按下多重选择器的（右）按钮可进行自定义文件名。　　③输出自定名称后按下⊛确认。

07

存储文件夹

● 方便地整理照片

　　存储文件夹选项可以查看当前存储照片的文件夹目录名称，也可以指定一个新增文件夹进行存储。在新增文件夹时，目录编号可以从100-999之中选择设定。当我们在不同时间和不同地点拍摄照片时，可以根据拍摄的时间、主题和地点来指定不同的文件夹，这样方便日后整理照片。

设定步骤 >　按编号选择文件夹

①进入**存储文件夹**选项。

②选择**按编号选择文件夹**。

③设置文件夹编号，按多重选择器的▲▼调节数值，◀▶调节位数，再按⊛保存即可。

设定步骤 >　从列表中选择文件夹

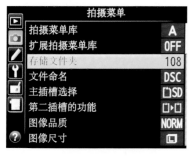

①进入**存储文件夹**选项。

②选择**从列表中选择文件**夹选项。

③选择已有的文件夹即可。

主要插槽选择

● 根据存储卡的容量和速度进行选择

　　主要插槽选择选项可以指定是将**SD卡插槽**还是**CF卡插槽**作为主插槽。此项建议根据存储卡的容量和速度来进行分配，容量大，速度快的做主。

　　如果用户有一张64GB UHS-I规格的SDXC存储卡和一张133X 4GB的CF卡，那么建议将**SD卡插槽**作为主卡槽；而如果有一张4GB CLASS4规格的SDHC存储卡和一张1000X 128GB的CF卡，那么显然应该将**CF卡插槽**作为主卡槽。

设定步骤 ＞

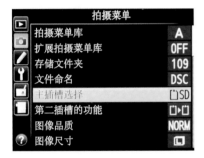

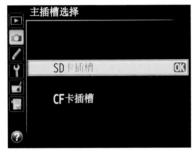

①进入**主插槽选择**选项。　　　　②选择**SD卡插槽**或**CF卡插槽**，按下⊛即可。

第二插槽的功能

● 根据个人需求而定

　　第二插槽的功能包含三项功能可选：**额外空间**、**备份**与**RAW主插槽，JPEG第二插槽**。

設定步骤 ＞

①选择**第二插槽的功能**选项。　　　　　　②设定自己喜好的功能模式。

额外空间	照片存储从插槽1开始，容量满了之后再从插槽2进行存储，能存储照片的空间是两张存储卡的总和。
备份	拍摄照片时，文件会同时存储在两张存储卡中，优点在于如果其中一张存储卡损坏，另一张存储卡中的照片会成为备份。
RAW主插槽 JPEG第二插槽	插槽1中存储RAW格式照片，插槽2则存放JPEG格式照片，如果不是以RAW格式拍摄时，则会以备份功能来存储照片。

D800支持SD/CF双插槽存储。

图像尺寸

● 宜大不宜小

图像尺寸可以设置JPEG与TIFF格式的影像尺寸，选项分为（L）大、（M）中及（S）小，由于3630万超高像素是D800的最大优势之一，因此建议用户选择最大分辨率，方便后期处理和打印照片。

设定步骤 >

①进入**图像尺寸**选项。

②按下⊛选择需要的尺寸。

格 式	分辨率	有效像素
（L）大	7360x4912	3630万
（M）中	5520x3680	2030万
（S）小	3680x2456	900万

小提示

图像尺寸不会影响 RAW 格式图像的尺寸大小。

快速更改图像画质

设定步骤 >

D800也可以通过机身的**图像质量按钮**来调节图像尺寸，按住**图像质量按钮**，转动副指令拨盘，即可直接调整图像尺寸。

①按下**QUAL**。

②旋转副指令拨盘即可。

控制面板显示信息

图像尺寸：大

图像尺寸：中

图像尺寸：小

图像品质

● 三种影像格式可选

图像品质菜单可以选择拍摄照片时画质的等级，主要分为NEF（RAW）、TIFF、JPEG三种。其中JPEG根据画质压缩程度还分为JPEG 精细、JPEG 标准和JPEG 基本，JPEG 精细画质最高，但是文件也较大，JPEG 基本画质稍差，同时文件容量也会缩小。

RAW 格式

RAW原意为 "未经加工的"，也就是无损数据存储。可以理解为RAW文件就是CMOS图像传感器将捕捉到的光源信号转化为数字信号的原始数据。RAW是一种记录了数码相机传感器原始信息的文件，因此给后期预留了非常大的空间。缺点是文件要比JPEG要大得多，专业摄影用户建议选择NEF（RAW）格式。当然，如果存储卡空间够大，也可以选择NEF（RAW）+JPEG 精细格式存储。

TIFF 格式

TIFF 是一个灵活、适应性强的文件格式，通过在文件头中包含"标签"，它能够在一个文件中处理多幅图像和数据。标签能够标明图像的各种基本信息，如图像大小、图像数据是如何排列的，是否使用了各种图像压缩选项等。例如，TIFF可以包含JPEG和行程长度编码压缩的图像。TIFF文件也可以包含基于矢量的裁剪区域（剪切或者构成主体图像的轮廓）。使用无损格式存储图像的能力使TIFF文件成为图像存储的有效方法。与JPEG不同，TIFF文件可以编辑然后重新存储而不会有压缩损失。

JPEG 格式

JPEG格式是网络上最为流行的格式，其特点是文件小，但是由于采用了压缩算法，因此画质也较差。目前几乎所有摄影论坛都支持此格式，无论用户是采用了RAW格式还是TIFF格式，如果想要在网上与网友交流，最后都要转换成JPEG格式。

> **小提示**
>
> 目前存储卡 8GB、16GB、32GB 都已经非常普及，再加上 D800 支持双卡存储，因此如果采用 JPEG 格式拍摄时，建议均选择 JPEG 精细。

> **小提示**
>
> 并不建议用户选择 TIFF（RGB）格式进行拍摄，而要采用 RAW 格式拍摄，方便使用图像软件进行后期处理。TIFF 格式目前主要用于出版领域，如果你的照片需要传给杂志或广告公司，可将 RAW 格式照片处理后，保存成 TIFF 格式，方便对方进行印前处理。

设定步骤 >

①选择图像品质。

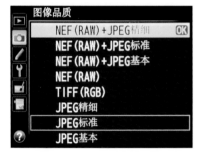

②选择需要进行存储的格式。

选 项	文件格式	特色说明
NEF（RAW）+JPEG 精细	NEF+JPEG	同时记录 RAW 和 JPEG 格式，选择此项可以兼顾后期编辑和网络使用。
NEF（RAW）+JPEG 标准		
NEF（RAW）+JPEG 基本		
NEF（RAW）	NEF	RAW 格式记录件图像的原始数据，不经过机内处理，因此十分便于后期操作，用户可以设定曝光与白平衡等，减少因为曝光和白平衡等因素造成拍摄失败的机率，但是需要 Capture NX2 等软件才能打开和编辑。
TIFF（RGB）	TIFF	TIFF 也属于无损压缩类型，但是后期处理余地不如 RAW，文件却比 RAW 更大，除非有特殊需要，否则建议不要选择此项。
JPEG 精细	JPEG	JPEG 存储的压缩格式，压缩率越高画质越低，一般而言，建议选择 JPEG 精细进行拍摄。但是需要注意的是，JPEG 格式不利于后期编辑，比较适合"到此一游"的旅游照拍摄，如果是对照片后期处理有一定要求的用户，建议选择 RAW 格式。
JPEG 标准		
JPEG 基本		

控制面板显示信息

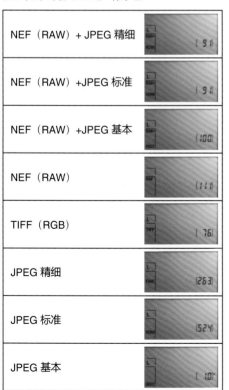

NEF（RAW）+ JPEG 精细	
NEF（RAW）+JPEG 标准	
NEF（RAW）+JPEG 基本	
NEF（RAW）	
TIFF（RGB）	
JPEG 精细	
JPEG 标准	
JPEG 基本	

图像区域

● 自动DX裁切或改变图像区域

使用DX镜头时自动切换影像区域

当 D800 使用 DX 格式镜头时（如 AF-S DX 18-55mm f/3.5-5.6G VR），将自动开启 DX 裁切功能，相机会自动切换到 DX 画幅拍摄，而不会使画面周边变黑。此项建议设置为开启，这样无论 FX 格式还是 DX 格式的镜头，都可以正常拍摄。

此项功能也足以说明尼康的厚道，因为如果你尝试将佳能 EF-S 15-85mm f/3.5-5.6 IS USM 装在 EOS 5D Mark III 上拍摄，就会听到"喀拉"一声——反光板掉了！

设定步骤 ＞

①选择**图像区域**。

②进入**自动DX裁切**。

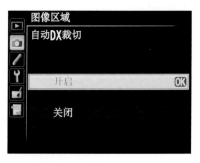

③设置**开启**或**关闭**。

改变图像区域会裁剪画面

采用 FX 镜头拍摄时，为了达到更长焦距的拍摄效果，可以将**图像区域**设为 DX 画幅。因为 DX 画幅等效焦距是 FX 画幅的 1.5 倍，比如采用一只 200mm 的 FX 格式镜头开启 DX 格式拍摄时，就可以获得 300mm 的等效焦距。

设定步骤 >

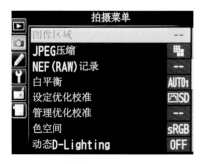

①选择**图像区域**。

②进入**选择图像区域**。

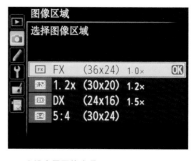

③设定需要的选项。

　　不建议开启改变**图像区域**选项，因为如果想要获得更长的等效焦距效果，完全可以后期进行裁剪，而如果用户开启了此项功能，使用广角拍摄时忘了关闭的话，就得不偿失了，比如 DX 格式会使 12mm 超广角镜头变成了 18mm 视角！

DX裁切

JPEG压缩

● 优先考虑"最佳品质"

在 JPEG 压缩选项中，可以进一步选择照片的品质，比如选择了 JPEG 精细选项后，还可以在继续选择文件大小优先或最佳品质。

此选项建议选择**最佳品质**，因为**文件大小优先**会不考虑拍摄主题、内容等因素，将照片压缩成固定文件大小，这对于某些大场景多主题的复杂图像会造成严重的压缩，而**最佳品质**则是在保证 JPEG 格式图像画质的基础上再考虑照片文件的大小。所以，如果想在 JPEG 格式下拍摄高画质的图像，**最佳品质**将是必然的选择。

最佳品质100% / 文件大小优先

采用**最佳品质**拍摄的照片无论在细节还是色彩表现方面都比**文件大小优先格式**好，如上图所示。

设定步骤 >

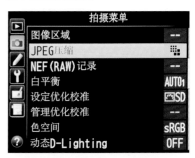

①选择JPEG压缩。

②选择**文件大小优先**或**最佳品质**。

NEF（RAW）记录

● 压缩方式不同，画质也会不同

RAW 虽然是无损的压缩格式，但是 D800 根据不同的需要还是设定了三个类型可选：无损压缩、压缩和未压缩；另外在 NEF（RAW）字节长度中有 12bit 和 14bit 可选。

RAW压缩类型

RAW 压缩是指尼康通过专属的算法，在保证画质的前提下减少 RAW 文件的大小。

记录方式	特　　点
无损压缩	采用非失真且可以逆向压缩的方式进行压缩，文件大小是未压缩 RAW 格式的 60%-80%，可以不损失任何细节。
压缩	不可逆的压缩算法，会造成肉眼难以察觉的细节损失，文件是未压缩 RAW 格式的 45%-60%。
未压缩	完全记录RAW格式图像信息，无任何压缩，文件大小是三者中最大的。

设定步骤 ＞

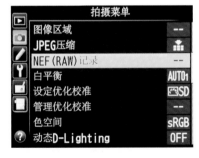

①选择**NEF(RAW)**记录。

②选择**类型**。

③设置相应的RAW存储格式。

NEF（RAW）位深度

普通 JPEG 是 8bit，每个分量仅为 255 色。RGB 一共可以表示的颜色数量为 16777216 种颜色。

12bit 的每个分量是 4096 色，一共可以表示 687 亿种不同的颜色。

14bit 的每个分量是 16384 色，一共可以表示 4.4 万亿种不同的颜色。

设定步骤 >

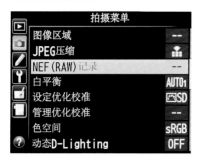

①选择**NEF（RAW）**记录。

②进入**NEF（RAW）**位深度选项。

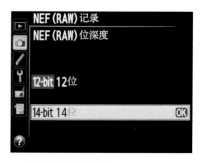

③选择**12bit**或者**14bit**。

如果保存为 JPEG 格式则无需纠结

　　从理论上来说，14bit 色是 12bit 色的 64 倍，可以还原更多的细节，不过具体反应到图片上的差异微乎其微，尤其是当处理完保存成 JPEG 格式之后，都会被压缩成 8bit 色，肉眼根本无法看出区别。因此，依我看 12bit RAW 格式就够了，都已经是 JPEG 格式，就别太讲究了。

肉眼无法分别转成JPEG格式之后14bit RAW与12bit RAW的区别。

14bit RAW转JPEG。

12bit RAW转JPEG。

白平衡

● 准确还原被摄对象原本色彩

在室内拍摄时，照片往往与肉眼看到的颜色并不相同，一般会偏红、偏黄，而在室外晴天拍摄时，照片又往往会有变蓝的现象，这就是白平衡在作怪。

白平衡，即白色的平衡，这涉及到一整套复杂的光学理论，这里我们就不去研究它了，对于D800用户而言，只需要相机的白平衡是一套可以根据不同光源环境自动修正照片偏色的功能，将人眼中的白色在拍出的照片中也呈现白色，如此就能修正照片的整体色调。

除了白平衡，我们还需要了解什么是色温。所谓色温，简而言之就是定量地以开尔文温度（K）来表示色彩，色温越低颜色越红，越高则会越蓝，而白平衡就是根据不同的色温光线进行补偿来获得正确的颜色。

色温越低颜色越红，越高则会越蓝。例如以晴天白平衡（5200K）为基准来拍摄3000K光源环境的白色物体时，照片会明显偏红。而想要获得正确的颜色，只要将相机的白平衡设置到3000K，即可拍摄到正确颜色的照片。

D800 的白平衡选项

D800具备不同的白平衡模式，如自动（包括标准和保留暖色调颜色）、白炽灯、荧光灯、晴天、阴天和背阴等等。需要注意的是，白平衡选择中的白炽灯、荧光灯、晴天、阴天和背阴等设定，并不代表光源的色温，而是利用图像与符号方便使用者识别，例如在阴天环境选择阴天白平衡，一般会获得比较正确色温，但是如果想要真正还原阴天的白色，还需要手动选择色温或PRE手动预设，这两项才是摄影高手专用的功能。

設定步骤 >

①按下机身的WB按钮。

②再转动主指令拨盘即可更改白平衡设置。

小提示

D800 自动白平衡菜单选项，比 D700 新增了 AUTO2 保留暖色调颜色一项可以准确地再现现场的暖色氛围。

白平衡
自动
AUTO1 标准   OK
AUTO2 保留暖色调颜色
⊙调整

白平衡选项一览

模式		色温值
自动	AUTO1标准	3500K-8000K
	AUTO2保留暖色调颜色	
白炽灯		约3000K
荧光灯	钠灯	约2700K
	暖白色荧光灯	约3000K
	白色荧光灯	约3700K
	冷白色荧光灯	约4200K
	日光白色荧光灯	约5000K
	日光色荧光灯	约6500K
	高色温汞灯	约7200K
晴天		约5200K
闪光灯		约5400K
阴天		约6000K
背阴		约8000K
K 选择色温		2500K-10000K
PRE PRE手动预设		——

白平衡微调

虽然 D800 提供了丰富的白平衡选项，但是如果预设仍无法符合环境光源时，可以选择**白平衡微调**。修正时，可以利用多重选择器边看坐标边进行修正，可控制 A（黄色）、B（蓝色）、G（绿色）与 M（洋红色），每个坐标轴分别可调节 6 挡。

设定步骤 >

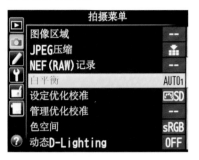

①进入**白平衡**选项。

②选择除手动预设（也可微调，但步骤不同）和选择色温外的其他选项。

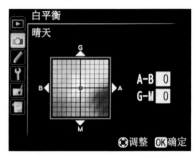

③按下多重选择器▶进入微调界面，按下多重选择器的▲▼◀▶即可进行不同颜色的微调，然后按下OK进行保存。

白平衡微调效果

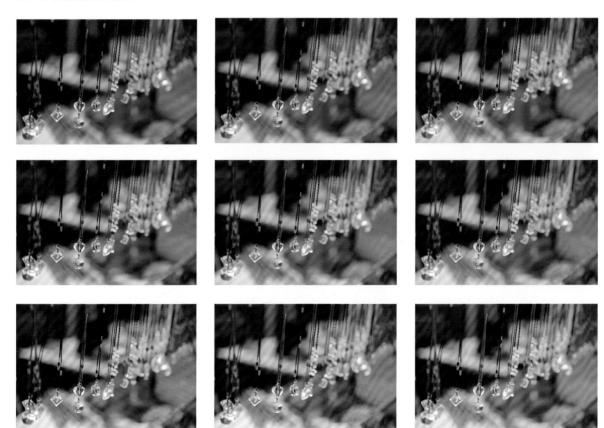

设定步骤 >

①按下机身的WB按钮。

②再旋副指令拨盘,即可微调白平衡(在"选择色温"模式下可改变色温值)。

PRE 手动预设调整

　　如果白平衡细节调整都无法准确还原现场光线色温,那么就只能依靠PRE 手动预设功能来解决问题了,其设定方法非常简单:

设定步骤 >

①按住机身的WB按钮,转动主指令拨盘,直到液晶屏出现"PRE"字样。

②松开WB按钮,再长按至"PRE"字样开始闪烁,然后在现场光源下使用相机对着白纸或灰卡进行拍摄,注意白纸或灰卡必须充满整个拍摄画面,按下快门即进行白平衡取样。

③按照之前步骤操作,此时液晶屏上会出现闪烁的"Good"字样。

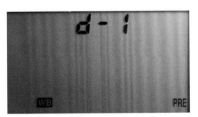

④按住WB按钮同时转动副指令拨盘,直到液晶屏上显示 "d-1"(白平衡菜单中选择的位置)字样,则代表设定成功。

PRE 手动预设灵活运用

D800除了可以现场采用白纸和灰卡进行白平衡校准外，还支持将拍摄完成的图像作为白平衡的基准。也就是说只要在现场色温情况下拍摄一张准确白平衡的照片，就可以按照此图像的白平衡设定来拍摄其他照片。

设定步骤 >

①选择 PRE 手动预设。

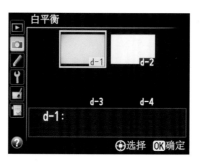

②在"d-1"—"d-4"中选取一个作为存储位置（按多重选择器中央⑧）。

③从缩放图中选择要复制白平衡设定的图像。

④按下⑧即可。

为自定义白平衡加注释

如果设定了多组白平衡自定义信息，仅靠"d-1"—"d-4"这样的字样可能无法快速辨别，如果记忆力差可能还会忘记当初定义的是哪一组白平衡数值，如果采用**编辑注释**将这些自定义白平衡加上批注，这个问题也就迎刃而解了。

设定步骤 >

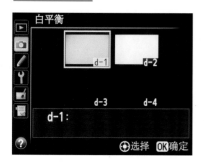

①选择PRE手动预设后，在"d-1"—"d-4"中选取一个作为存储位置（按多重选择器中央⑧）。

②选择**编辑注释**。

③编辑完成后，按下⑧完成注释。

保护与微调

PRE 手动预设还支持**保护与微调**功能，微调功能与白平衡中其他模式微调相同，而保护则可以保证该预设值不会被覆盖删除。

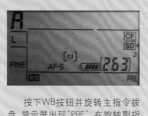
设定步骤（保护）>

①进入**保护**选项。

②选择**开启**或**关闭**。

设定步骤（微调）>

①进入**微调**选项。

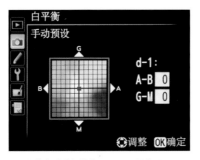

②按多重选择器的▲▼◀▶调整即可。

选择色温

选择色温可以从2500K-10000K之间以10为单位选择任意色温值，同时还可以进行G（绿色）和M（洋红色）的微调。

设定步骤 >

①选择**选择色温**。

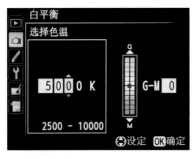

②调整色温值。

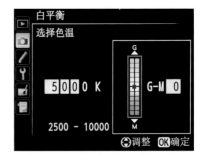

③微调色彩偏移。

白平衡实战

● 根据拍摄者的创意，选择合适的白平衡

　　在大多数情况下，自动白平衡就能拍摄出不错的照片，但在某些情况下可能会无法拍摄出正确的颜色或自己想要的色彩，此时就需要手动设置白平衡才能改变照片颜色不自然的情况，用好白平衡是一个摄影师的基本要求，因为白平衡是决定照片颜色的关键设置之一。

室内自动白平衡偏黄

　　下图是使用自动白平衡拍摄的，自动白平衡虽然也能达到3000K左右的数值，但是自动选择往往达不到我们期望的水准，例如本张照片自动白平衡设置为3600K，但是照片还是偏黄，我们将白平衡设置为3200K时，比较准确地还原了现场色温，美女脸色看起来更加自然。

室外自动白平衡偏蓝

　　而在室外拍摄时，照片又往往会偏蓝，这对于一般风景照拍摄来说影响并不明显，甚至还可以让蓝天看上去更蓝，使照片看上去更加唯美。但是在室外拍摄人像时，自动白平衡就很难让肤色看起来更加粉嫩了。

自动白平衡：3600K

自动白平衡：5000K

手动白平衡：3200K

手动白平衡：5600K

黄昏拍摄白平衡更加重要 ↑

　　黄昏时，由于阳光非常暖，因此自动白平衡会降低色温值，这样很难拍摄出美丽的夕阳效果，因此，我们要适当地将白平衡色温值调高，拍摄出理想的照片。

个性化的白平衡微调整 ↓

　　白平衡微调可以让照片具有个性化的效果，比如我们拍摄人像时想实现淡淡的日系清新效果，可以让白平衡向B（蓝色）方向漂移。

自动白平衡

白平衡微调（向B蓝色方向漂移）

不同白平衡实拍效果

AUTO1标准

AUTO2保留暖色调颜色

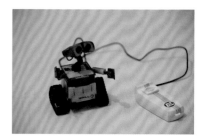

白炽灯

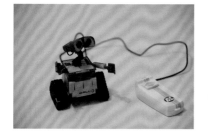

钠气灯

暖白色荧光灯

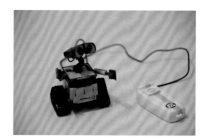

白色荧光灯

冷白色荧光灯

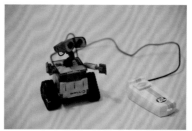

日光白色荧光灯

日光色荧光灯

阴天

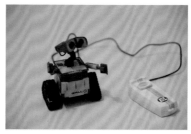

晴天

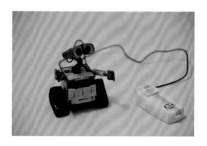

闪光灯

PRE手动预设

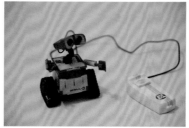

阴影

选择色温

设定优化校准

● 根据不同题材设置拍摄风格

设定优化校准中的选项，均可用于调整图像的色彩、对比度等属性，或者以初始设定为基准，进行锐度、明度与饱和度等进行细微的调整。

除了可以在相机上校准之外，用户还可以将设定好的数值利用存储卡传到电脑上，再利用Capture NX2等软件进行设置，然后套用到所有选定的RAW格式照片上，使一组照片的风格保持一致。

设定步骤 >

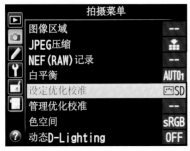

①进入设定优化校准选项。

②选择一种风格模式。

小提示

D800中的⊖按钮集成了直接进入设定优化校准的功能，一般情况下不必进入菜单调节。

在设定优化校准中按下❑会进入网格模式，参考对比度（垂直轴）与饱和度（水平轴）为基准的网格位置，便能比较当前设定影像风格与其他风格之间的差异。另外在网格模式中，也可以使用多重选择器的▲▼来选择新的照片风格。

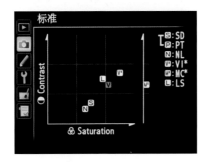

按下❑可进入网格模式界面。

照片风格一览

标准：

　　标准风格是设定优化校准中最基准的设定,对比度和饱和度都较适中,适合大多数的拍摄题材。

自然：

　　自然风格与标准风格相比,降低了对比度和饱和度,色彩较接近人眼,适合拍摄人像等题材。

鲜艳：

　　鲜艳风格拍摄的照片对比度,饱和度都要比标准风格高一些,适合拍摄风景,花卉等题材。

单色：

　　单色风格顾名思义,只有一种色彩,可以营造较有艺术气息的照片,不少女孩子会比较喜欢这种风格。

人像：

　　人像的饱和度设定与标准风格一致,但对比度有所降低,与自然风格比较接近,是拍摄柔美人像作品的首选。

风景：

　　风景风格的饱和度比鲜艳风格略低,但是对比度较高,适合拍摄蓝天白云等风景照片。

快速调整

快速调整功能可以将锐化、对比度、饱和度等设定全部自动调整,调整范围为-2—+2。设定为负数时,效果将降低;正数则效果加强。当用户不知该调整具体哪一项时,此功能会非常实用。

设定步骤 >

①在选择除单色以外的任何一个风格模式时,按下多重选择器的▶按钮即可进入**设定优化校准**微调界面。

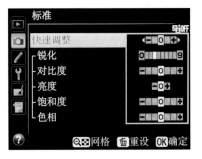

②选择**快速调整**选项,按重选择器的◀ ▶即可微调。

小提示

标准	-2	-1	0	1	2
锐化	2	3	3	4	5
对比度	-2	-1	0	1	1
饱和度	-1	-1	0	1	2

鲜艳/风景	-2	-1	0	1	2
锐化	3	4	4	5	6
对比度	-2	-1	0	1	1
饱和度	-1	-1	0	1	2

人像	-2	-1	0	1	2
锐化	2	2	2	3	4
对比度	-2	-1	0	1	1
饱和度	-1	-1	0	1	2

微调各项数值

如果快速调整功能仍无法满足用户微调的需求,可以继续微调**锐化**、**对比度**、**亮度**、**饱和度**等选项。

无论是相机内预设的优化校准选项,还是通过管理优化校准自定义的预存项,都是对JPEG格式直接生成的图像效果产生影响,而不会对RAW格式的图像带来影响(但在Capture NX2软件中调整相关设置会对RAW格式图像的效果产生影响)。此外,对**锐化**、**对比度**、**亮度**、**饱和度**等选项的设定要谨慎,任何过度提升或削减某一优化选项的行为(以0为基准)都可能损害最终的成像质量。

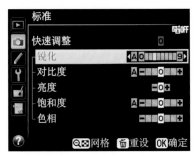

选择**设定优化校准**中的任意一项,按下多重选择器的右键即可进入各项微调画面,再使用▲▼选定选项,按◀ ▶进行数值调整,之后按下⊗即完成设定。

设定步骤 > **单色风格**

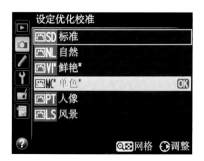

①在**设定优化校准**中选择**单色**。

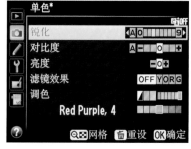

②在单色界面中可对**滤竟效果**、**调色**等选项进行调整。

　单色风格包括**滤镜效果**和**调色**两种独有选项，其中**滤镜效果**可以模拟各种颜色滤镜的拍摄效果，从而增加照片的对比度。对比强度由R(红色)、O(橙色)及Y(黄色)依次递减；而绿色在拍摄人像作品时会非常实用，因为它可以柔化美女的皮肤和嘴唇。

　单色中的**调色**是指决定单色照片中所套用的色调属性，包括B&W、sepia等10个选项可选。除了B&W外，其他选项还可以针对浓度进行7挡微调。

sepia(棕褐色)

cyanotype(冷色调)

red purple(红紫色)

red(红色)

yellow(黄色)

green(绿色)

blue green(蓝绿色)

blue(蓝色)

purple blue(蓝紫色)

B&W黑白

07

管理优化校准

● 大师级设定, 菜鸟围观

D800除了内置的优化校准外，还可以通过**管理优化校准**功能将微调校准结果进行存储（目前支持9组数据），以方便摄影师进行不同题材的拍摄。

管理优化校准支持利用ViewNX和CaptureNX2中的Picture Control Utility软件在电脑上进行微调校准，再利用存储卡传回相机之中套用；而在相机之中创建好的微调设定，也可以传入电脑，在后期制作时使用。

新建设定

尽管商业摄影师更喜欢通过电脑后期获得预期的成像效果。但对于会议、活动等讲求出片速度的新闻纪实性拍摄来说，尼康提供的**管理优化校准**功能能够带来更快捷和直接的效果。通过快速调用已经在Capture NX或相机上设置好的配置，摄影师可以迅速应对相应场景的拍摄需求。

设定步骤 ＞

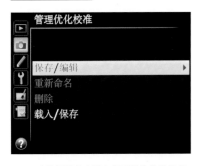

①在**拍摄菜单**中进入**管理优化校准**选项，并选择**保存/编辑**。

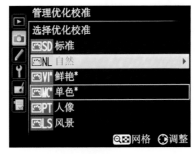

②选择需要保存的选项。

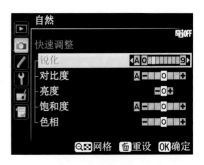

③根据个人需求进行微调。

④从C-1到C-9中选择一个位置。

⑤重新命名（最多支持19个字符）。

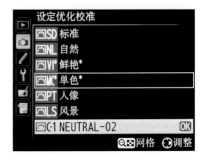

⑥设定完成后摄影师可直接调用自己创造的专属项目。

将设定转移到另一台D800相机

　　载入/保存功能可以将相机中已经优化校准的文件复制到另一台D800相机之中,复制方法十分简单:只要将目前相机中想要复制的设定复制到存储卡中,再将该存储卡插入到其他D800相机之中,然后再将设置复制到新的D800中即可。如果你拥有两台以上的D800相机,此功能可以让所有D800的优化校准设置相同。

设定步骤一(保存)＞

①进入**载入/保存**选项。

②选择**复制到存储卡**。

③选择需要复制的项目。

④指定存储卡内的任意位置即可。

> **小提示**
>
> 　　复制新的设定会直接覆盖新相机中原有的设定,请谨慎操作。

设定步骤二(载入)＞

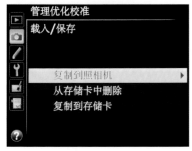

①进入**载入/保存**选项,插入拥有优化校准文件的存储卡,选择**复制到照相机**。

②选择要载入的文件。

③从C1-C9自定义位置中选择一个进行保存。

设定步骤 > 重新命名

①选择**重新命名**。

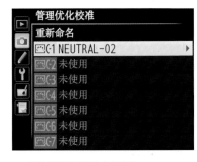

②选择需要重新命名的文件。

③输入自己喜好的名称即可。

设定步骤 > 删除相机中优化校准文件

①选择**删除**。

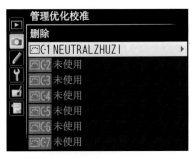

②选择要删除的优化校准文件。

③按下⊛确认删除。

设定步骤 > 删除存储卡中的优化校准文件

①进入**复制到照相机→删除**选项。

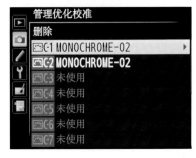

②指定要删除的文件。

③按下多重选择器中的▶后,选择**是**进行删除。

色空间

● 根据不同用途决定色域范围

　　色空间又称色域、色彩空间,它决定图像的色彩范围,在相机上分为两种:sRGB和Adobe RGB,相机一般默认为sRGB。

　　sRGB是国际标准规范的RGB色域,也是目前最为普及的色彩空间,几乎全部显示器都支持这个规范,同时喷墨/激光打印机及色彩管理软件等,大多也以sRGB色彩空间来管理数据。

　　而Adobe RGB则拥有比sRGB更为广阔的空间色彩,拥有更高的图像色彩重现能力,在商业印刷领域,一般都以Adobe RGB色域为输出标准。

　　不过,如果设备不支持Adobe RGB色域,即使将色彩设置为Adobe RGB色域,设备也无法准确地重现其色域。

> **小提示**
>
> 　　对于电脑系统而言,最常用的Windows系统是不支持Adobe RGB色域的,而苹果的Mac系统则能支持Adobe RGB色域,所以,如果你想让照片在电脑上看起来色彩更加迷人的话,还是选择Mac系统吧。

设定步骤 >

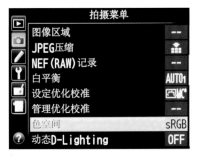

①进入**色空间**选项。

②选择**sRGB**或**Adobe RGB**。

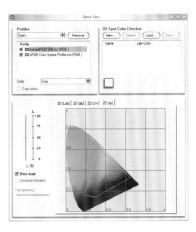

　　sRGB与Adobe RGB效果对比,sRGB模式拥有更广阔的色域空间。

动态D-Lighting

● 增加强照片的宽容度

动态D-Lighting是尼康独有的影像处理技术，可以说是增加照片宽容度设置的鼻祖，现在很多其他品牌的类似技术，比如宾得的D-Range、索尼的动态范围优化功能等，其灵感都来自于尼康。动态D-Lighting可以分为拍摄前选择和拍摄后润饰处理两种，此页我们介绍的是前期拍摄设定，润饰菜单中的后期D-Lighting处理将在后面介绍。

我们知道，即使数码相机的传感器再先进，以目前的科技水平也很难达到胶片的宽容度，但是数码相机也有自己的优势——拥有强大的数据处理能力，虽然数码相机拍摄时无法达到更高的宽容度，却可以通过机内处理技术来弥补这一弱势。

动态D-Lighting可根据不同拍摄环境来调整强弱，包括自动、极高、高、标准、低与关闭等选项。

> 小提示
>
> 在一些反差较大的环境中，动态D-Lighting 可以避免拍摄出无细节的暗部和死白的亮部，灵活使用这项功能，可以拍摄出接近甚至超越胶片宽容度的照片。

设定步骤 >

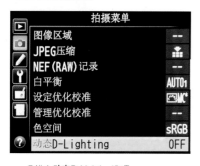

①进入**动态D-Lighting**选项。

②选择其中的一项进行设置（建议选择自动）。

动态D-Lighting适用场景

● 强光下主体一半被光线直射，另一半是阴影，比如正午阳光直射在古堡上；
● 拍摄逆光的人像和风景；
● 通过门和窗拍摄户外强光的风景。

诸如上述场景拍摄时，建议将**动态 D-Lighting** 功能开启，一般设置为**自动**即可拍摄出理想的效果。

> 小提示
>
> 当我们开启**动态 D-Lighting** 功能时，将无法开启设定优化校准中的对比度与亮度（显示 ACT.D-LIGHT），即使之前设置也会失效。

动态D-Lighting与D-Lighting选项区别

在润饰菜单中还有一个 D-Lighting 选项，与拍摄菜单中**动态** D-Lighting 功能的区别是：**动态** D-Lighting 功能是拍摄前选择，且可以控制亮部和暗部细节，而 D-Lighting 选项则是拍摄完后期处理，且只能对暗部细节有一定还原能力，对亮部则无能为力。因此，建议用户在拍摄时前期选择**动态** D-Lighting 功能。

逆光人像实战

如右图所示，逆光拍摄时，一般要在正面补光才能让人脸与背景同时曝光准确，而如果启用了**动态** D-Lighting，则能让背景和人脸都曝光准确，保留更多的细节。

动态D-Lighting：关闭

动态D-Lighting：自动

高反差风景实战

关闭**动态D-Lighting**，天空虽然保留了较多的细节，但山顶上的树木几乎已经全都变成了黑色，毫无细节可言；设置**动态D-Lighting**为高后，天空云层细节保留更多，同时山顶上的树木细节再现也更加细腻，层次丰富。

动态D-Lighting：关闭

动态D-Lighting：高

HDR（高动态范围）

● 宽容度相比动态D-Lighting更大

　　HDR虽然在卡片机和中低端单反相机中是比较普遍的功能,但是在全画幅单反相机上却很少出现。HDR是拍摄两张照片后,D800通过EXPEED 3处理引擎合成为一张照片的功能,相比**动态D-Lighting**的的动态范围更大,非常适合逆光或风景照片的拍摄。

开启HDR

　　开启HDR分为两种:开启**一系列**和开启**单张照片**,看选项名称就知道是什么意思了,在此不再解释!

设定步骤 >

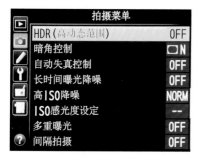

①选择HDR（高动态范围）。

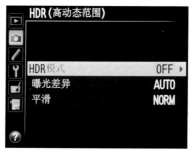

②选择HDR模式。

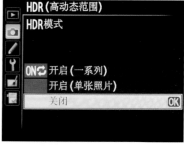

③选择开启或关闭。

曝光差异

　　曝光差异可以设定HDR拍摄时的EV相差级数,拥有**自动**、1EV、2EV、3EV可选,EV数越大,最亮处与最暗处相差的曝光等级越大。

设定步骤 >

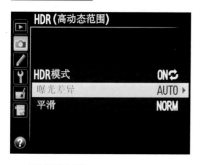

①选择**曝光差异**。

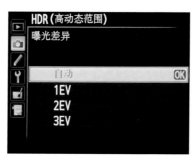

②选择需要的等级。

平 滑

平滑选项设定是HDR照片明暗过渡的等级，选项分为**高**、**标准**和**低**，设置越高，照片容下的明暗层次越少。

设定步骤 >

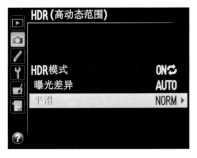

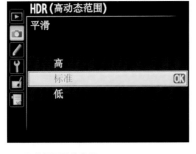

①进入**平滑**选项。　　　　　　　②选择需要的选项。

HDR（高动态范围）设置实拍

	曝光差异:自动	曝光差异:1EV	曝光差异:2EV	曝光差异:3EV
平滑:高				
平滑:标准				
平滑:低				

暗角控制

● 配合不同来使用

　　一般镜头在使用大光圈拍摄时会出现暗角,这种现象对于全画幅相机来说更加明显,因为全画幅相机所需镜头的像场更大,因此更容易出现暗角。

　　暗角控制分为**高、标准、低**与**关闭**四项可选,选项越高拍摄出来的暗角越低!

设定步骤 ＞

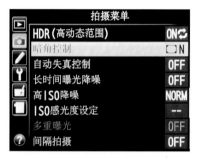

①选择**暗角控制**。

②选择相应的等级。

> **小提示**
>
> 　　如果**暗角控制**仍然无法解决暗角问题,不妨将镜头光圈缩小再拍摄。另外,暗角控制仅适用于 G 系列和 D 系列镜头。

暗角控制实拍

高

标准

低

关闭

自动失真控制

● 修正镜头造成的畸变

自动失真控制可修复拍摄照片时产生的畸变，比如广角镜头的桶形畸变和长焦镜头的枕形畸变。但需要注意的是，此功能只适用尼康G、D系列镜头，对其他镜头无效。

设定步骤 >

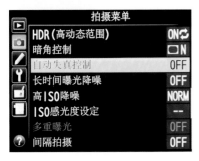

①进入**自动失真控制**选项。　②选择**开启**或**关闭**。

自动失真控制实例

采用广角镜头拍摄时容易产生桶形畸变，将**自动失真控制**选项开启后，畸变会有所减小，如图所示：

自动失真控制：关闭

自动失真控制：开启

长时间曝光降噪

● 夜景拍摄必备良方

CMOS是电子元件,不像胶片一样很少受温度影响。当开启长时间曝光后,由于CMOS长期工作必然会发热,而最终导致的结果就是噪点增加。由于长时间曝光主要用于夜景拍摄,因此**长时间曝光降噪**功能几乎就是为夜景拍摄量身打造的,是夜景摄影必须开启的选项。

设定步骤 >

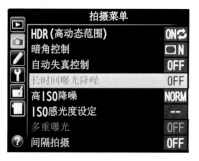 

①进入**长时间曝光降噪**选项。　　　②选择**开启**或**关闭**。

> **小提示**
>
> 　　对于 D800 而言,只要曝光超过1秒,即可开启**长时间曝光降噪**功能,进行降噪处理。

留心降噪时间

长时间曝光降噪功能开启后需要一定的降噪时间,一般来讲等于曝光时间,例如快门速度设为30分钟,那么降噪处理也需要30分钟,则拍摄一张照片就需要一个小时的时间。

所以用户在用**长时间曝光降噪**功能时一定要做好构图等前期准备,还要检查相机电池的电量是否足以维持长时间的工作,如果相机噪点没处理完电量就耗尽,那么可能近一个小时的拍摄工作就全失败了。

长时间曝光降噪实例

由于鸟巢线光充足,曝光时间只有10秒,因此即使关闭了长时间曝光降噪功能,噪点也不是很明显,在这种主体光线充足的夜景拍摄中,可以将其关闭,这样可以节省拍摄时间。

由于鸟巢灯光已关闭,因此拍摄曝光时间达35秒,此时产生噪点在所难免,因此拍摄时将长时间曝光降噪功能开启则能让画质更加完美。

高ISO降噪

● 使用有度，不可过分

　　高ISO降噪可以抑制相机因为使用了高感光度拍摄而产生的噪点，效果有高、标准、低和关闭四挡可选。在使用时需要注意的是，尽管高选项的噪点抑制效果最好，但是也会损失较多的影像细节，因此在使用时建议还是酌情选择。

设定步骤 ＞

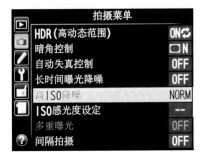

①选择高ISO降噪选项。

②选项相应的设定即可。

小提示

　　如果想获得高感光度下最好细节的照片，建议采用 RAW 格式拍摄，再通过 View NX2 等软件导出 JPEG 格式。

D800各设置各级高ISO降噪实例

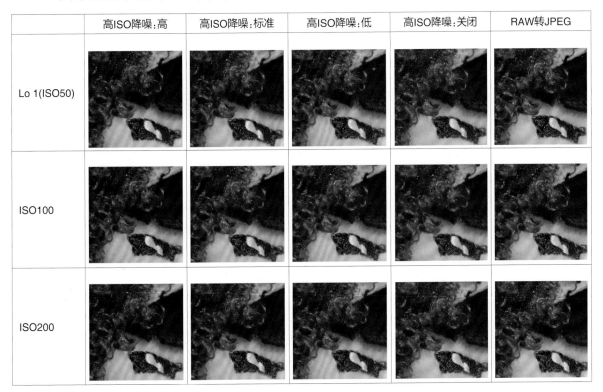

	高ISO降噪:高	高ISO降噪:标准	高ISO降噪:低	高ISO降噪:关闭	RAW转JPEG
Lo 1(ISO50)					
ISO100					
ISO200					

	高ISO降噪:高	高ISO降噪:标准	高ISO降噪:低	高ISO降噪:关闭	RAW转JPEG
ISO400					
ISO800					
ISO1600					
ISO3200					
ISO6400					
Hi 1					
Hi 2					

ISO感光度设定

● 预先确认噪点问题

ISO6400的成像效果

ISO感光度设定是相机传感器对光线的感知能力，ISO越高对光线的感应越明显，例如ISO200的光线感知能力是ISO100的两倍。较高的ISO可以在光线不足的环境下使相机获得足够高的快门速度，使影像不会被拍摄模糊。但是ISO越高，影像的噪点也就越多，因此在选择ISO时，在达到安全快门的前提下，应该尽量使用低ISO拍摄，以保证影像足够干净。

D800高感性能出色

对于D800而言，虽然像素高达3630万像素，理论上高感噪点抑制不会太出色，但是实际在高ISO表现方面却是可圈可点，虽然不及D700 100%放大时画面干净，但是由于像素较高，因此在ISO3200时全像素输出仍然具有非常高的实用性。D800提供ISO100-ISO6400的感光度范围，支持扩展到ISO50-ISO25600。

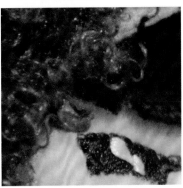

ISO3200的成像效果

感光度与快门成反比，因此并不是所有场合都一定低感光度拍摄，因为我们在摄影时首先要解决是"拍到"的问题，其次才是"拍好"。对于特殊场合，比如室内体育拍摄或者在酒吧、餐厅等暗光环境拍摄美女时，我们要先保证足够高的快门，其次再考虑低感光度的问题，因为一张噪点较高的照片往往比一张拍糊了的照片更容易进行后期处理，同时美女也不会因为自己拍糊了而郁闷。

ISO按钮调节感光度

设定步骤 >

一般情况下，D800并不需要进入ISO感光度设定来进行调节，只需采用机身ISO按钮加主指令拨盘直接调节感光度，非常方便。

而如果在白天等光线充足的环境，当然是感光度越低越好，这样可以充分捕捉每一个细节！

①按下ISO按钮。

②旋转主指令拨盘即可。

设定步骤 > ISO感光度菜单调节

拍摄菜单	
HDR(高动态范围)	ON
暗角控制	N
自动失真控制	OFF
长时间曝光降噪	OFF
高ISO降噪	NORM
ISO感光度设定	--
多重曝光	OFF
间隔拍摄	OFF

①进入ISO感光度设定菜单。

ISO感光度设定	
ISO感光度	100 ▶
自动ISO感光度控制	OFF
最大感光度	6400
最小快门速度	AUTO

②选择ISO感光度选项,按▶按钮进入感光度等级设定。

ISO感光度设定	
ISO感光度	
Lo 1	
100	OK
200	
400	
800	
1600	
3200	

③选择需要设定的感光度,按下 OK 即可。

自动ISO感光度控制

　　自动ISO感光度控制选项可以让相机自动根据不同的拍摄环境控制ISO设定,此项功能非常适合新手使用,当你不明白当前环境还如何设定ISO时,不妨试试该选项。通过ISO按钮加副指令拨盘可以控制自动ISO感光度控制的开启和关闭,也可以在菜单内调节。

设定步骤 >

①按下ISO按钮不放。

②旋转副指令拨盘即可。

设定步骤 >

ISO感光度设定	
ISO感光度	100
自动ISO感光度控制	OFF ▶
最大感光度	6400
最小快门速度	AUTO

①选择自动ISO感光度控制选项。

ISO感光度设定	
自动ISO感光度控制	
开启	
关闭	OK

②按▶进入开启或关闭选项,按 OK 确定。

最大感光度

在设定自动ISO感光度时,为了能够在适当的环境中拍摄清晰锐利的画面,还可以设定自动设定ISO是的最大感光度值。

设定步骤 >

①进入**最大感光度**选项。

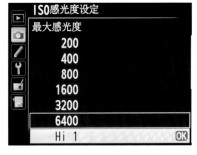

②选择需要设定的最大感光度值。

最小快门速度

此项用来设定相机在最小快门范围之内尽量使用最低感光度进行拍摄,以使照片的噪点降到最低。用户可以根据镜头自行设定,例如50mm镜头可以设定在1/60秒,200mm镜头设定在1/250秒,尽量使快门数稍大于镜头焦距的倒数。

设定步骤 >

①进入**最小快门速度**选项。

②根据不同拍摄题材选择不同的快门速度。

小提示

自动 ISO 感光度控制在某些极端情况下也是无法完成拍摄的,比如当快门速度已经达到了最小快门速度设定极限,而**最大感光度**设置也达到了最大,但是仍然无法获得准确的曝光时,那么还是需要手动将快门数值降低或者将 ISO 手动再次提高,才能保证照片曝光的准确性。

多重曝光

● 合成梦幻般的照片

多重曝光可以连续拍摄多张影像，并以单张照片的形式保存下来，其中设定包括**多重曝光模式**、**拍摄张数**与**自动增益补偿**三项。

设定步骤 >

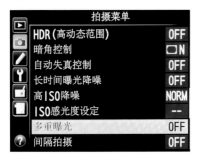

①进入**多重曝光**菜单。

②选择**多重曝光模式**。

③选择**开启**或**关闭**。

拍摄张数

此项用来设定拍摄多少张影像来进行合成,如果使用多重曝光拍摄第一张之后的30秒内没有拍摄第二张,相机将自动中断多重曝光拍摄。

设定步骤 >

①选择**拍摄张数**。

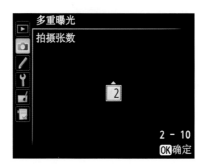

②设定拍摄张数,最少为两张,按▲▼按钮进行调节。

自动增益补偿

开启之后，相机会使最后的照片曝光准确，对照片进行曝光补偿，而关闭它，则要完全看个人在多重曝光时对多张影像的整体曝光控制能力了。

设定步骤 ＞

①选择**自动增益补偿**选项。　　②设定**开启**或**关闭**。

多重曝光实例

先选择荷花背景拍摄，再选择美女按下快门，此张照片设置了**自动增益补偿**为开启，因为个人比较喜欢这种稍浓郁的色调。如果用户比较喜欢明快的色调，可以根据经验自行控制。

07

间隔拍摄

● 拍摄破茧成蝶时的唯美

　　间隔拍摄，顾名思义，即设定相隔多长时间自动按下快门的功能，对于拍摄某些特殊摄影题材非常实用，当然如果你再把D800调成静音快门拍摄模式后，用来拍摄那些容易受惊扰的摄影题材则更好了。设定包括**立即**与**开始时间**两种拍摄方式可选。

立　即

　　设定之后3秒开始拍摄，用户只需要设定好间隔时间即可。

设定步骤 ＞

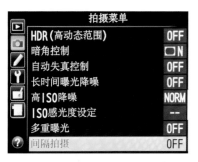

①进入**间隔拍摄**菜单。

②选择**立即**。

③设定**间隔时间**。

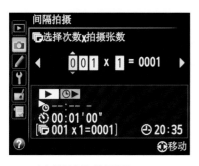

④选择**拍摄次数x拍摄张数**。

⑤设定是否**开启**。

开始时间

　　可以自行设定开始时间、拍摄间隔、拍摄次数以及1次拍摄的影像张数。

设定步骤 >

①选择开始时间选项。

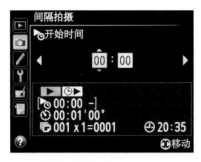

②对开始时间进行设定。

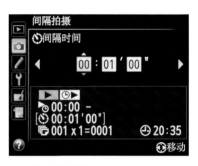

③设定间隔时间。

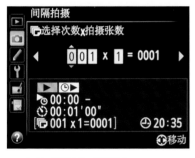

④选择拍摄次数x拍摄张数。

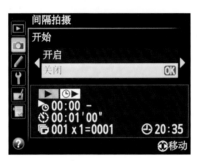

⑤设定是否开启。

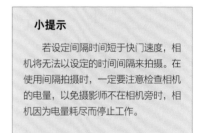

小提示

若设定间隔时间短于快门速度，相机将无法以设定的时间间隔来拍摄。在使用间隔拍摄时，一定要注意检查相机的电量，以免摄影师不在相机旁时，相机因为电量耗尽而停止工作。

定时拍摄

● 独具创意的玩法

定时拍摄可以根据设定的时间间隔拍摄照片，并且根据当前动画设定选项设置选项记录成动画，但是不可以记录声音。

设定步骤 >

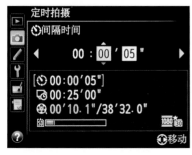

①进入**定时拍摄**→**开启**→**间隔时间**，设定间隔时间。

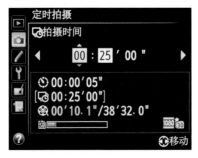

②设定**拍摄时间**长短。

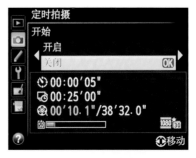

③选择**开启**进行拍摄或者**关闭**。

动画设定

● D800的全新功能

相比D700相机，视频拍摄是D800的全新功能，并且最高支持1920x1080/30fps的全高清视频格式。D800的动画设定选项包括**帧尺寸/帧频**、**动画品质**、**麦克风**与**目标位置**四项可选。

帧尺寸/帧频

此项可以设定视频的格式和帧率，用户可以根据需要进行选择，如果需要全高清视频，可以选择1920x1080/30fps等高尺寸设置，如果需要进行慢动作回放，则可以选择1280x720/60fps等高帧率设置。

设定步骤 >

①进入**动画设定**选项。

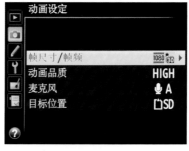
②选择**帧尺寸/帧频**。

③选择相需要的设置。

动画品质

动画品质用来设定视频的码率，有高品质和标准可选，建议存储卡空间足够大的情况下选择高品质。

设定步骤 >

①选择**动画品质**选项。

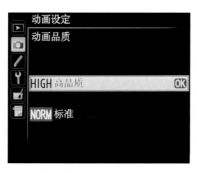
②调节需要的设定。

麦克风

麦克风选项可以设定麦克风的开启关闭，并且可以设定其灵敏度。

设定步骤一 >

①选择麦克风选项。

②选择相应设定。

设定步骤二 >

①选泽手动灵敏度菜单。

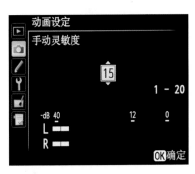

②按▶键进入设定选项，再通过多重选择的▲▼调整灵敏度。

目标位置

目标位置可以设定将视频存储在CF卡插槽或者SD卡插槽之中，由于D800视频码率较大，建议将视频存放在CF卡之中。

设定步骤 >

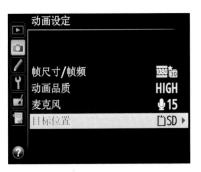

①进入目标位置。

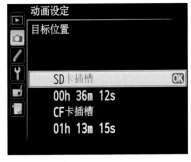

②选择CF卡插槽或SD卡插槽存储。

小提示

由于 D800 的传感器达到了 36mmx24mm，比市面上专业摄像机更大，尤其是配合尼康专业级大光圈镜头之后，可以拍摄浅景深及低噪点的视频，甚为强大。

● 焦距：31mm
● 光圈：f/6.7
● 快门：1/125 秒
● 感光度：ISO100

自定义设定菜单

自定义设定菜单

●高手进阶设定

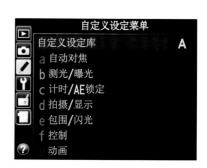

　　自定义设定菜单用来进行自定义相机的各种设定，包括a**自动对焦**、b**测光/曝光**、c**计时/AE锁定**、d**拍摄/显示**、e**包围/闪光**、f**控制**和g**动画**。

　　此项可以看作是设定菜单的进阶设定，个人并不建议新手去更改此项设定中的内容，因为如果不知道其中某个项目的含义而轻易改动的话，轻则导致照片效果不理想，重则导致相机无法正常拍摄。

自定义设定库

●与拍摄菜单一样可以专属设定

　　自定义设定库中的选项，可以和拍摄菜单一样存储为专用的数据库，有A、B、C、D共4组数据可选。用户可根据需要在不同的数据库中更改**自定义设定菜单**的选项。对于多人共用一台相机或经常拍摄不同题材时，可以灵活地使用此项功能。

设定步骤 ＞

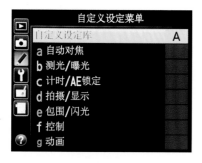

①选择**自定义设定库**。

②选择其中属于自己的一项即可。

③按下▶可以进行设定库重命名。

④按下**删除**按钮可以重设当前的设定库。

小提示

　　可以将**自定义设定库**A设置为针对人像拍摄，将**自定义设定库**B设置为针对风景拍摄。

AF-C优先选择

● 连续伺服自动对焦模式选择

　　AF-C即连续伺服自动对焦模式,当我们按下快门对焦,相机已经确认合焦,再将相机移动到别的位置时,相机会再次启动自动对焦,合焦位置会锁定到新的主体上。**AF-C优先选择**包括**释放**、**释放+对焦**及**对焦**三种模式可选。

　　而在右图的情形中, 由于主体运动的速度很快, 如果想确认焦点再拍摄可能主体已经脱离了取景器, 因此应该选择快门释放模式, 即使拍虚了也总比拍不到好。

释放适合的拍摄题材。

释放

　　此模式下, 相机无论是否对焦成功, 只要按下快门按钮即可启动拍摄功能, 如果你不想错过任何精彩的瞬间, 请选择此功能。

释放+对焦

　　与**释放**功能基本相同,但是更加注重对焦点的精度,因此会在连续拍摄模式下降低拍摄的张数。

对　焦

　　此模式会强制合焦之后才能拍摄,如果相机中的对焦指示灯未亮,即使强行按下快门,相机也不会启动拍摄功能,此模式适合于需要精确对焦拍摄的题材。

　　至于三种模式如何选择,完全看个人需要。

释放+对焦适合的拍摄题材。

设定步骤 >

①进入**AF-C优先选择**选项。

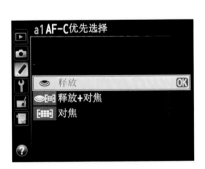

②根据拍摄环境选择需要的设定。

AF-S优先选择

● 单次自动对焦模式选择

　　AF-S即单次对焦模式,在此模式下,当对主体对焦提示成功后,即使将相机拍摄其他主体时,相机也不会再次启动自动对焦,焦点仍然在最开始的主体上。**AF-S优先选择**模式包括**释放**和**对焦**两种模式。

释放

　　此模式下,相机无论对焦是否成功,只要按下快门按钮即可启动拍摄功能,如果你不想错过任何的瞬间,请选择此功能。

对　焦

　　此模式会在强制合焦后才能拍摄,如果相机中的对焦指示灯未亮,即使强行按下快门,相机也不会启动拍摄功能,此模式适合于需要精确对焦拍摄的题材。

如上图所示,在AF-S模式对焦点锁定后,即使周围人来人往,焦点也不会发生转移,等待合适时机按下快门吧。

上图中,可以采用AF-S优先选择模式中对焦模式,并采用中央对焦点在红框处半按快门确认焦点,然后再将相机对焦点移至蓝框处进行构图,此时焦点不会改变(AF-C模式焦点会在蓝框处再次启动对焦,焦点会在金针菇的中部),按下快门即可完成拍摄。

设定步骤 >

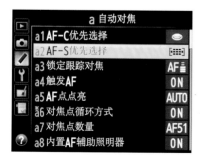

①选择AF-S优先选择。

②选择需要的模式。

锁定跟踪对焦

● 主体焦距发生改变时用来应急

锁定跟踪对焦用来设定相机与拍摄主体焦距突然发生变化时,对焦机制进行焦点调节的等待时间,分为长、标准、短及关闭四种。通过前三项设定,可以保证即使相机和主体之间有短暂的干扰,也不会改变原来锁定的目标。

而在主体变化迅速的拍摄题材中,比如百米短跑或赛车等,建议选择关闭,使相机能够快速作出反应来调整焦点位置。

如果用户在拍摄雪景或花瓣纷飞的人像等题材时,将锁定跟踪对焦设定为5(长),此时焦点便不会跟随飞舞的雪花和飘散的花瓣频繁改变,更好地锁定主体来完成拍摄。

设定步骤 >

①进入锁定跟踪对焦选项。

②选择相应的选项即可。

触发AF

● 根据个人操作习惯而定

触发AF可以设定是否启动快门按钮的自动对焦功能,当选择快门/AF-ON按钮时,在半按快门和按住AF-ON按钮时都可以启动自动对焦,而设定为仅AF-ON按钮时,则只有AF-ON按钮可以启动自动对焦,半按快门无法启动,只负责释放快门。

建议设置仅AF-ON按钮

设置选择快门/AF-ON按钮时虽然可以使对焦、测光及拍摄通过一个手指完成,简单快捷,但是此项仍然建议大家开启仅AF-ON按钮,因为这样设置不但可以增加相机拍摄时的稳定性,还可以避免手抖时再次轻触快门启动第二次对焦,使拍摄成功率提高。尤其是配合后文中的快门释放按钮AE-L设定为开启之后,就可以轻松地使用先对焦再构图功能(放开AF-ON按钮后相当于焦点锁定),获得焦点和曝光都正确的照片。

设定步骤 >

①进入触发AF选项。

②选择相应的项目。

AF点点亮

● 设定当前焦点合焦时是否发出红光

　　光照不足对焦时,只要将**AF点点亮**功能开启即可。**AF点点亮**功能分为**自动、开启**与**关闭**三种。**自动**为默认选项,相机根据拍摄环境来决定是否红光显示,**开启**时无论何种环境都会启动红光显示,**关闭**则永远不会闪现红光。

设定步骤 ＞

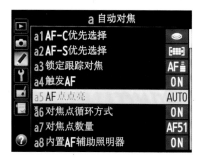

①进入**AF点点亮**选项。

②选择相应的项目(建议选择**自动**)。

所选对焦区域被点亮成红色。

对焦点循环方式

● 对焦点快速切换至另一方向

　　对焦点循环方式可以设定采用多重选择器选择焦点。当设定为**循环**而焦点位于最左、最右时,按多重选择器后焦点分别切换至最右、最左;如**不循环**,则在上述前提下按多重选择器的左、右时,焦点没有任何反应。

设定步骤 ＞

①进入**对焦点循环方式**选项。

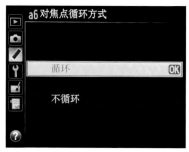

②选择自己喜好的方式。

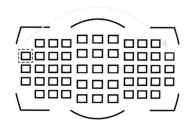

　　其实这是一个完全按个人喜好和习惯设置的功能,相信小时候玩过"任天堂"游戏机的朋友能马上明白它的含义。

对焦点数量

● 根据个人拍摄风格选择

11点对焦

51点对焦

对焦点数量对比

　　对焦点数量可以手动设定对焦点数量,有51点和11点可选。51点对焦模式涵盖了D800所有可以手动选择的对焦点,便于更加细致地调整焦点;而11点则简化了可选择的对焦点,在切换对焦点时更加迅速。

设定步骤 >

①选择**对焦点数量**。

②选择自己心仪的对焦点数量。

> **小提示**
>
> 　　建议非专业人士选择11点对焦即可,51点对焦虽然霸气,但是切换起来太麻烦,您不一定能玩得转。如果使用三脚架固定机位拍摄相对固定的拍摄对象,可以选择51点对焦,实现对焦点精细调整。

内置AF辅助照明器

● 弱光环境对焦利器

　　在弱光环境中,相机可能出现无法自动对焦的情况,不过D800人性化地提供了**内置AF辅助照明器**,将物体照亮以实现快速对焦。当设置为**开启**时,若主体光线太暗,则会自动开启辅助照明器。

设定步骤 >

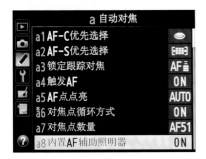

①选择**内置AF辅助照明器**。

②选择开启或关闭。

AF辅助照明器

> **小提示**
>
> 　　最近有人发现佳能 EOS 5D Mark III 在暗处对焦精度大大降低,甚至无法正常对焦,而D800即使关闭内置AF辅助照明器也可以正常对焦!

08

ISO感光度步长值

● 逐步微调或是快速设定

ISO感光度步长值可以调整设定感光度时的步长幅度，若想要拍摄低噪点的照片，可以选择1/3级或1/2级微调；若想快速设定，可选择1级。

需要注意的是，虽然1/3级或1/2级可以更加细微地调整感光度，但设置时间较长，而设定为1级则能快速设定感光度，不过有时不能很好地控制噪点。此项建议设定为1级即可，因为D800的高感光度噪点控制能力是非常强悍的。

不同ISO步长调整级别

1/3 级	Lo1、Lo0.7、LO0.3、200、250、320、400、500、640、800、1000、1250、1600、2000、2500、3200、4000、5000、6400、Hi0.3、Hi0.7、Hi1、Hi2
1/2 级	Lo1、Lo0.5、200、280、400、560、800、1100、1600、2200、3200、4500、6400、Hi0.5、Hi1、Hi2
1 级	Lo1、200、400、800、1600、3200、6400、Hi1、Hi2

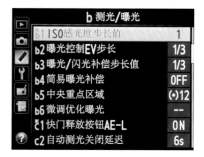

设定步骤 ＞

①进入**ISO感光度步长值**选项。

②选择相应的选项。

曝光/闪光补偿步长值

● 针对曝光结果进行更加细致的调整

曝光/闪光补偿步长值可以调整曝光补偿和闪光输出补偿的级别，有1/3级与1/2级可选。与曝光控制EV步长一样，数值越小越能精细地补偿曝光，建议此项设定为1/3级，在绝大多数情况下，越精细的调整越能获得理想的曝光。

设定步骤 ＞

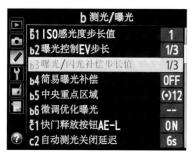

①进入**曝光/闪光补偿步长值**选项。

②选择相应的步长值。

曝光控制EV步长

● 根据拍摄题材设定

　　曝光控制EV步长可以决定光圈、快门、包围、曝光补偿等设定值的调整级别，分别有1/3步长、1/2步长与1步长三种可选。步长幅度越大，便能快速设定曝光值；越小则能更加细微地调整。所以，建议用户根据不同的摄影题材进行选择，例如在拍摄雪景等曝光值需要大幅度进行补偿的题材，可以设定为1步长；而在拍摄美女人像等题材时，选择1/3步长则能更加准确地刻画皮肤的质感。

各调整等级的光圈、快门与包围步长

	快门速度（秒）	光圈值（f/）	包围/曝光补偿
1/3步长	8、6.3、5、4、3.2、2.5、2、1.6、1.3、1、0.8、0.6、1/2、0.4、0.3、1/4、1/5、0.16、1/8、1/10、0.78、1/15、1/20、1/25、1/30、1/40、1/50、1/60、1/80、1/100、1/125、1/160、1/200、1/250、1/320、1/400、1/500	1.4、1.6、1.8、2、2.2、2.5、2.8、3.2、3.6、4、4.5、5、5.6、6.3、7.1、8、9、10、11、13、14、16、18、20、22	1/3EV、2/3EV、1EV之间可选
1/2步长	B门、8、5.6、4、2.8、2、1.4、1、0.7、1/2、1/3、1/4、1/6、1/8、1/10、1/15、1/20、1/30、1/45、1/60、1/90、1/125、1/180、1/250、1/350、1/500	1.4、1.7、2、2.4、2.8、3.5、4、4.5、5.6、6.7、8、9.5、11、13、16、19、22	1/2EV、1EV之间可选
1步长	B门、60、30、15、8、4、2、1、1/2、1/4、1/8、1/15、1/30、1/60、1/125、1/250、1/500、1/1000、1/2000、1/4000、1/8000	1.4、2、2.8、4、5.6、8、11、16、22	仅1EV可选

设定步骤 >

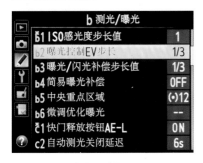

①选择**曝光控制EV步长**。

②设置自己喜好的步长。

小提示

　　快门和光圈值未能全部列出，而根据不同的镜头，快门速度和光圈值也可能会有细微的差别。

简易曝光补偿

● 用直接的方式进行曝光补偿

在一般情况下,进行曝光补偿操作时,需要按下曝光补偿 +/- 按钮再转动拨盘进行补偿,而如果将简易曝光补偿设定为开启或开启(自动重设),则可以直接通过拨盘调整曝光补偿。**开启**与**开启(自动重设)**的区别在于相机关机后(或关闭测光后),是否保留更改的设定值。

D800的设定内容

开启(自动重设)	可用拨盘直接调整曝光补偿,但无法保留该设定(例如曾以+/-按钮设定为-1EV补偿,而以本功能更改设定为+0.3EV,则下次开机或曝光系统重新开启时,仍恢复到-1EV,+0.3EV的补偿失效)。
开启	可用拨盘直接调整曝光补偿,并且无论关机还是关闭测光系统,都不会重设该补偿值,甚至本功能更改为关闭都不会改变补偿。
关闭	需按+/-按钮,再旋转主指令拨盘才能设定曝光补偿值。

设定步骤 ＞

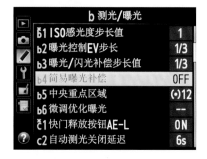

①选择简易曝光补偿。

②设置自己需要的设定。

中央重点区域

● 根据主体占据画面大小决定测光权重范围

中央重点测光的测光原理是取景器中央圆形区域作为测光时的主要权重比例,是拍摄花卉等题材时最适合的测光模式。

中央重点区域是用来设定中央重点测光权重范围的选项,D800有8mm、12mm、15mm、20mm和全画面平均(相当于矩阵测光)可选。

设定步骤 ＞

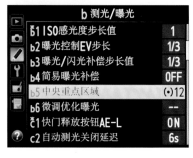

①进入**中央重点区域**选项。

②选择相应的选项。

微调优化曝光

● 根据个人爱好调整最佳曝光模式

　　微调优化曝光可以根据个人爱好使每张照片都增减用户设定的曝光值,而无需逐张进行曝光调整。举例来说,一般在拍摄人像时需要明快的影调,就可以增加默认曝光,而在拍摄风景时需要浓郁一点的色调,可以降低默认曝光。

　　微调优化曝光可以针对矩阵测光、中央重点测光和点测光进行调整。需要注意的是,此项是常态设定,如果用户只是拍摄一张微调曝光值的照片,建议选择曝光补偿即可。

设定步骤 ＞

①选择**微调优化曝光**。

②相机会给出提示,选择**是**继续。

> **小提示**
>
> 　采用**微调优化曝光**拍摄的照片,EXIF 中不会出现曝光补偿信息,而是显示**微调优化曝光**的数值。

设定步骤 ＞　矩阵测光

①选择**矩阵测光**,按▶进入详细设定。

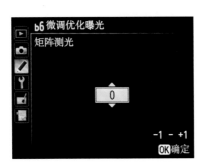

②通过▲▼来选择。

设定步骤 ＞ **点测光**

①选择**点测光**。

②通过▲▼来选择需要调整的值。

设定步骤 ＞ **中央重点测光**

①选择**中央重点测光**，按▶进入详细设定。

②通过▲▼来选择需要调整的值。

正常曝光

微调优化曝光

　　如上组照片中，正常曝光时人物曝光准确；而**微调优化曝光**之后，影调变得明快，与正常曝光相比呈现出不同的韵味。

快门释放按钮AE-L

● 对焦锁定+曝光锁定一次完成

　　快门释放按钮AE-L功能设置为**开启**时,在半按快门时即可同时锁定对焦点与AE曝光值。

　　快门释放按钮设置成**快门释放按钮**AE-L开启和自动对焦开启,是一般用户最常用的设定,人们常说现在单反很智能,不用再去手动对焦和用测光表测光,我想这两项设定最能说明问题。

利用中央对焦点半按快门对焦再构图

　　在光圈优先模式中,利用中央对焦点半按快门对焦再构图,测光模式均设定为最佳状态,开启为点测光,关闭则为矩阵测光。

　　尽管是逆光拍摄,但是由于以人脸为焦点进行拍摄并且锁定曝光,因此可以保证人脸曝光准确。

　　关闭之后,由于采用了矩阵测光,画面中白色的衣服和后面黄色和绿色树叶占据了大部分面积,因此画面曝光偏暗。

设定步骤 >

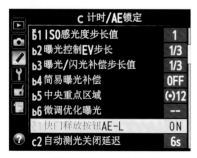

①进入**快门释放按钮**AE-L选项。

②选择**开启**或**关闭**。

实战快门释放按钮AE-L

　　AE曝光锁定是拍摄人像时不可或缺的功能，尤其是拍摄逆光或背景与人物亮度反差很大时，因为在这两种环境下，如果不对着人脸锁定曝光，那么很容易拍出背景曝光正确，而人脸曝光不足的照片。

　　尼康所有数码单反相机，从最低端的D3200到旗舰级的D4，全部支持点测光的点测联动功能，而其他品牌的绝大多数单反相机并不支持点测联动（索尼、宾得不支持，佳能只有1D系列支持）。对于D800而言，如果我们能够善用点测联动功能，在大多数时候并不需要AE曝光锁定再构图那么麻烦。例如左图中，只需选择点测光，在拍摄时将对焦点合焦在人的脸部，照样可以获得脸部曝光正确的照片。

拍摄方法:在红框范围内使用AE锁定，并保持AE锁定状态再构图，可以保证人脸曝光准确。

　　逆光拍摄剪影时，AE锁定功能也同样重要。这是因为尼康D800预设的矩阵测光非常智能，即使逆光时物体完全变成阴影，相机也会稍稍提亮曝光值，这样就无法拍摄出剪影。只有巧妙地使用AE锁定时，才能拍摄出我们想要的剪影效果。

拍摄方法:对太阳附近进行测光再进行AE锁定，就能拍摄出独具魅力的剪影效果。

自动测光关闭延迟

●各种AE锁定的相关性

自动测光关闭延迟可以设定相机取消曝光测定前的等待时间。一般在半按快门时相机会启动自动对焦和曝光测定功能,并在取景器和LCD显示屏上显示测定的曝光参数(光圈值和快门速度)。如果在测定时间内无任何操作,上述显示信息就会关闭,甚至连AF/AE锁定等都会失效。

设定步骤 >

①进入**自动测光关闭延迟**选项。

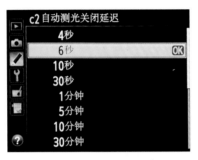

②选择需要的时间,再按⊙即可。

> **小提示**
>
> 本选项设定时间可以长达30分钟,但是如果不是连接外接电源的情况下(可长达∞不受限制)或有特殊拍摄需要,建议不要设定时间过长,因为将电池电量浪费在此项上有点不值。

自 拍

●动静皆宜多重选择

自拍可以设定按下相机快门之后,需要多长时间才会拍摄照片,时间长短可以根据拍摄目的来设置。同时该选项还可以设置自拍间隔时间和自拍张数。

设定步骤 >

①选择**自拍**。

②设置**自拍延迟**、**拍摄张数**与**拍摄间隔**。

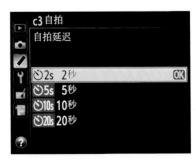

③设定**自拍延迟**时间。

无遥控器和快门线时的救命稻草

自拍除了可用于拍摄自己外，还可在使用三脚架拍摄时设置为2秒，防止在按下快门瞬间产生的晃动影响拍摄效果，这对于微距摄影中使用小光圈拍摄时非常有用，尤其是在没有遥控器或快门线拍摄时，自拍功能简直就是救命稻草。

④进入**拍摄张数**选项。

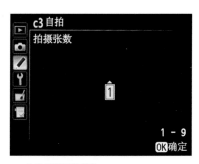

⑤设置需要的张数。

⑥进入**拍摄间隔**选项。

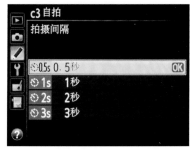

⑦选择**间隔**时间值。

显示屏关闭延迟

●LCD显示屏关闭前的显示时间

显示屏关闭延迟可以调节LCD显示屏关闭前的显示时间，包括**播放**、**菜单**、**拍摄信息显示**和**图像查看**四个选项可调节。

设定步骤 >

①选择**显示屏关闭延迟**。

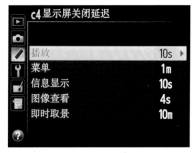

②选择其中一项进行调节。

播 放

　　显示屏关闭延迟的**播放**菜单，可以设定相机在播放照片时没有任何操作时的关闭LCD显示屏时间。如果自己为了确认照片的话，20秒或1分钟足矣；如果想将照片播放给家人、朋友或模特观看时，可以将时间设定得更长，以免照片刚刚显示就消失了，影响大家的心情。

设定步骤 >

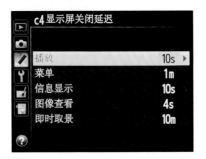

①选择**播放**。

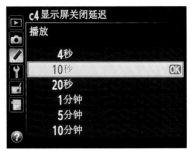

②设置需要的时间。

信息显示

　　显示屏关闭延迟的**信息显示**选项可以设定相机的拍摄信息在LCD显示屏的显示时间，一般建议设定为4秒。

设定步骤 >

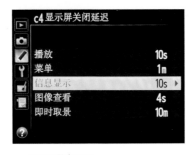

①选择**信息显示**。

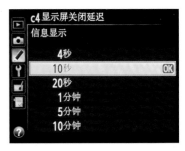

②设置相应的时间。

菜 单

　　显示屏关闭延迟的**菜单**选项可以设定相机在调节菜单设置时没有任何操作时，关闭LCD显示屏的时间，一般建议设定为1分钟即可，以免在确定选项时相机LCD显示屏突然关闭。当然，如果设置时间过长而又不进行任何操作的话，也要考虑电池电量的问题。

设定步骤 >

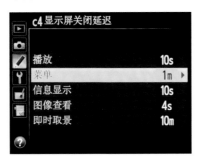

①选择**菜单**。

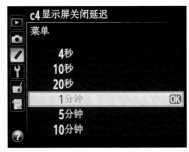

②选择相应的时间。

图像查看

显示屏关闭延迟的**图像查看**选项可以设定相机拍摄照片后，照片在LCD显示屏的显示时间，一般设置为4秒即可，因为如果想要更仔细地查看照片，按下播放按钮进入播放照片会更加方便，还可以节省电池的电量。

设定步骤 >

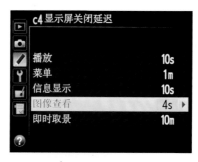

①进入**图像查看**选项。

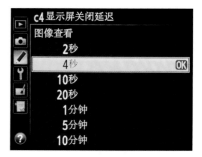

②设置相应的时间。

即时取景

即时取景菜单可以设定在即时取景拍摄时，相机显示屏在多长时间后关闭，由于即时取景模式非常耗电，因此建议设定为最短的5分钟即可。

设定步骤 >

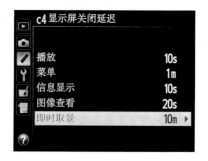

①选择**即时取景**。

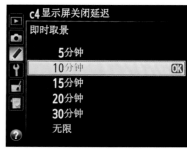

②选择相应时间。

蜂鸣音

●重要场合必选之项

蜂鸣音可以设定相机在AF-S/AF-A等自动对焦时合焦或进行自拍倒计时时，是否发出电子提示音的设定，包括**高、低**与**关闭**可选。一般来说，建议用户开启此项，但是如果在重要场合，例如在领导进行重要讲话的会议中，建议设置**关闭**，别让相机总"滴……滴"响，给自己找不自在。

设定步骤 > 音 量

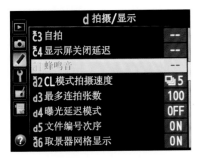

①进入**蜂鸣音**选项。

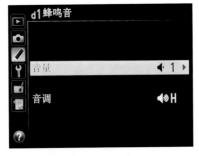

②选择**音量**。

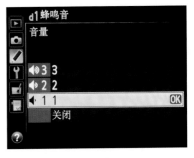

③调节音量大小或**关闭**。

设定步骤 > 音 调

①选择**音调**。

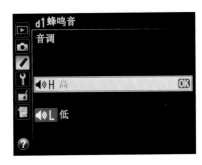

②设定**高**或**低**。

CL模式拍摄速度

● 根据拍摄主题而设定

CL模式拍摄速度是设定相机在连拍时的速度，D800最快连拍速度可设定为4张/秒，而最慢可设为1张/秒，用户可根据拍摄主题来调整。

注意，在**CL模式拍摄速度**中可以看到提供了5张/秒的选项，这是指相机在DX格式或1.2x模式时支持的速度。即使我们选择5张/秒选项，而在图像尺寸中选择FX格式的话，也只能支持4张/秒连拍。

设定步骤 >

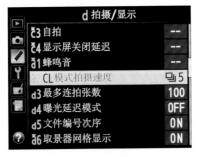

①选择**CL模式拍摄速度**。

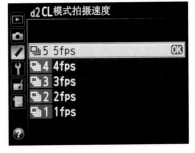

②选择相应的时间。

最多连拍张数

●建议设定为最大连拍张数

　　最多连拍张数是设定相机在连拍时的最多照片数量,数值受存储卡性能与设定的图像画质的影响,会存在一定的差异。例如当存储卡读写速度过慢或采用RAW格式拍摄时,除了连拍速度可能降低外,有时也会出现拍摄到中途就无法再拍摄的情况。建议此项设定为最大。

设定步骤 >

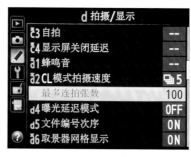

①进入**最多连拍张数**选项。

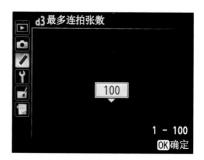

②设定拍摄数值。

曝光延迟模式

●预升反光板防止震动

　　在使用长焦镜头拍摄夜景时,有时即使用了三脚架搭配遥控器或自拍拍摄,由于反光板弹跳引起的震动也会引起画面模糊,因此D800提供了**曝光延迟模式**。

设定步骤 >

①进入**曝光延迟模式**选项。

②选择延迟时间或关闭。

曝光延迟模式:关闭

曝光延迟模式:开启

文件编号次序

● 建议设定开启更好管理文件

文件编号次序可以设定文件连续编号的模式,设定开启时,即使更换存储卡与存储目录,编号也会连续,可以更好的管理文件;设定为关闭时,每次更换存储卡与存储目录,编号都会从0001开始;而选择RESET重新设定模式时,文件变化会从0001开始,而如果存储卡中有文件时,将会从最后编号开始延续。比如当存储卡中的最后一个文件编号是0250,那么相机会设定从0251开始连续编号拍摄。

设定步骤 >

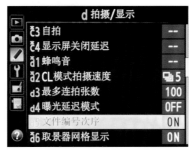

①选择**文件编号次序**菜单。

②选择相应的模式。

取景器网格显示

● 拍摄风景时非常实用

拍摄风景时,往往需要确保主体能够与水平或者垂直方向对齐,**取景器网格显示**功能则可以提供水平或者垂直的参考线,此功能在配合虚拟水平使用时,是拍摄风景的绝佳组合。

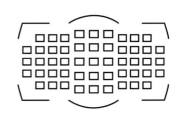

辅助网格线开启可以方便构图,确认画面主体所在的位置与比例。而在夜景拍摄时,由于拍摄主体较暗比白天能难以确定水平或者垂直,取景器网格显示功能则能发挥较大作用。

设定步骤 >

①进入**取景器网格显示**界面。

②选择**开启**或**关闭**。

如上图光学取影器里的网格线将画面按九宫格切分,有助于入门用户精确构图。

ISO显示和调整

●简单确认和改变ISO值

按常规,查看当前的ISO值时,需按住信息显示按钮,在显示面板中查看;或按下ISO按钮在控制面板里确认。而如果将ISO**显示和调整**中的**显示ISO感光度**功能开启,控制面板与取景器就会以常态显示ISO值。在即时取景模式中,预设无法改变感光度,而如果开启了此项功能,则可以利用拨盘进行更改。

控制面板信息

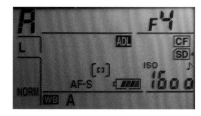

显示感光度。

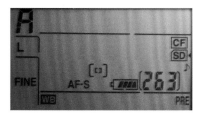

显示可拍摄张数。

设定步骤 >

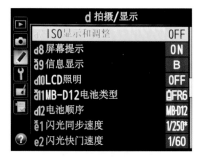

①选择**ISO显示和调整**。

②选择相应的设定。

信息显示

●建议设定为自动

信息显示可以设定LCD显示屏显示信息时的亮度,分**手动**和**自动**两项,手动选项又分B光亮时用暗体字和W黑暗时用亮体字,建议将此项设定为**自动**。

设定步骤 >

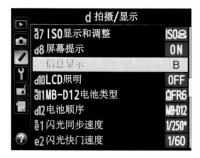

①选择**信息显示**。

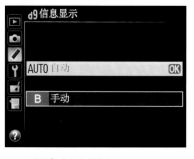

②选择**自动**或**手动**模式。

③设定手动显示方式。

LCD信息显示操作

　　按下信息按钮调出信息显示界面后，再次按下信息按钮可针对多种项目直接调整，而无需进入MENU主菜单，包括：拍摄菜单库、高ISO降噪、动态D-Lighting、色空间、指定预览按钮、自定义设定库、长时间曝光降噪、指定BTK按钮、指定AE-L/AF-L按钮、指定Fn按钮等。

LCD信息显示

拍摄菜单库

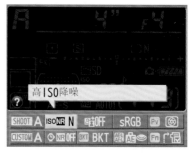

高ISO降噪

动态D-Lighting

色空间

指定预览按钮

自定义设定库

长时间曝光降噪

指定BKT按钮

指定AE-L/AF-L按钮

指定Fn按钮

信息按钮

08

LCD照明

● 在昏暗环境中拍摄时非常方便

      LCD照明可以设定为相机半按快门启动测光时，就立刻亮灯，直至结束自动测光再熄灭，建议在昏暗环境下拍摄时开启此功能，不然只能拨动电源开关至☀:才点亮；而平时则将其关闭，以节省电量。

设定步骤 >

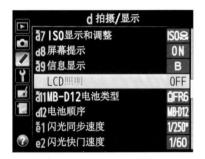

① 选择**LCD照明**。

② 选择**开启**或**关闭**。

LCD照明开启与关闭效果对比

LCD照明：关闭

LCD照明：开启

      若LCD照明选择关闭，则只能将电源开关拨至☀:位置，才能点亮控制面板。小心，按错方向就关机了！

MB-D12电池类型

● 使用5号碱性电池时必须设定

　　MB-D12手柄除了可以使用D800原装的EN-EL15锂电池外,还可以使用6节5号电池供电,包括碱性、镍氢、锂和镍锰4种。而无论使用哪种电池,只要指定了正确的电池种类即可确认电池电量。

设定步骤 >

①进入MB-D12电池类型选项。

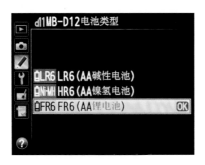

②选择正确的电池类型即可。

小提示

MB-D12 支持采用 AA 电池供电

MB-D12电池类型

电池顺序

● 根据竖拍手柄电池类型作出选择

　　D800在使用MB-D12竖拍手柄时,可以选择电池的使用顺序,包括**首先使用MB-D12中的电池**与**首先使用中的电池**,建议用户根据MB-D12中的电池类型作出选择,如果MB-D12中为EN-EL15锂电池,那么建议优先选择**首先使用MB-D12中的电池**,因为手柄电池电量很足;而如果MB-D12中使用的是5号电池的话,建议选择**首先使用照相机中的电池**,因为5号电池电量较少,作为备用电池比较合适。

设定步骤 >

①进入**电池顺序**选项。

②选择正确的电池类型即可。

闪光同步速度

● 避免拍摄出一半黑的照片

　　使用闪光灯拍摄时，**闪光灯同步速度功能**可以设定相机快门的上限值，因为如果拍摄时快门高于相机支持的闪光同步值时，会造成照片拍摄不完整，所以要注意调节此项。

　　闪光灯需在相机快门帘幕完全打开时激发闪光，才能拍摄出正确的照片。如果快门超过一定速度后，会导致闪光还没有完成，快门后帘已经关闭，造成画面一半黑一半白。

设定步骤 >

①进入**闪光同步速度**选项。　　②选择相应的速度值（建议设定为最高值）。

建议设定为最高值

　　如果没有特殊需要，建议此项设定为相机支持闪光同步的最高值，因为在使用闪光灯时快门速度会很高，假如设定为1/100秒的话，画面虽然不会出现一半黑一半白，但是可能曝光过度。

D800闪光同步速度范围

　　D800支持1/250秒的闪光同步（最高可支持1/320秒，但是在1/250秒—1/320秒时闪光范围缩小），也就是说只要快门速度不高于这个数值（前提是闪光同步速度选项设定了1/250秒），使用闪光灯拍摄就不会有问题。

闪光灯同步

闪光灯不同步

闪光快门速度

●低速快门闪光灯补光

在夜间使用光圈优先模式进行闪光摄影时,通常快门速度被固定在1/60秒,如果想使用更低的快门速度来拍摄,可用**闪光快门速度**进行调节,最低可设定为30秒。

设定步骤 >

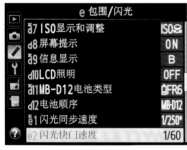

①选择**闪光快门速度**。

②设定相应的数值。

内置闪光灯闪光控制

●内闪也可以有大作为

尼康D800承继了D700的内置闪光灯设计,**内置闪光灯闪光控制**功能可以采用不同的形式享受闪光摄影的乐趣。摄影是用光的艺术,我们不要小看任何一道光线,只要用好闪光灯,哪怕是内闪,也是向大师迈进的一大步。

设定步骤 >

闪光灯模式解析

TTL: 相机根据拍摄环境自动调整闪光灯输出指数。

手动: 用户自行调整闪光输出指数(全光—1/128可选)。

重复闪光: 曝光时重复闪光。

指令器模式: 使用内置闪光灯来遥控引闪其他外接闪光灯。

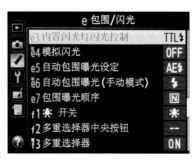

①进入**内置闪光灯闪光控制**选项。

②根据拍摄需要选择相应的选项。

模拟闪光

●拍摄更加符合预期的照片

　　将**模拟闪光**开启后,无论使用内置闪光灯还是外接闪光灯,只要按下景深预览按钮,闪光灯就会激活,使用户看清主体闪光后的亮部和阴影位置,方便确认和修正闪光的输出强弱和方向。

设定步骤 ＞

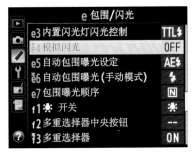 

①进入**模拟闪光**选项。　　②选择**开启**或**关闭**。

自动包围曝光设定

●进阶高手的设定

　　有些时候,如果只拍摄一张照片,那么可能很难达到想要的效果,需要增减曝光、更改白平衡等设定,拍摄多张照片才能最终达到理想的效果。其实使用D800拍摄不必那么麻烦,只要善用**自动包围曝光设定**功能,便能一次解决这些棘手的问题。

设定步骤 ＞

①进入**自动包围曝光设定**菜单。　②选择相应的选项。

自动包围曝光设定解析

　　自动包围曝光设定可以设置在不同模式下自动拍摄多张不同的照片,包括以下选项:

○**自动曝光和闪光灯**:同时改变曝光值与闪光量进行包围拍摄。

○**仅自动曝光**:无视闪光量,仅改变曝光值进行包围拍摄。

○**仅闪光**:曝光值不变情况下,仅改变闪光量进行包围拍摄。

○**白平衡包围**:仅改变白平衡,无视其他因素。

○**动态D-Lighting包围**:仅开启动态D-Lighting拍摄,无视其他因素。

自动曝光和闪光灯

　　自动曝光和闪光灯可以同时进行曝光补偿与闪光补偿，主体和背景的明暗都会发生明显变化，如下图：

| 曝光补偿：0EV　闪光补偿：0EV | 曝光补偿：−1EV　闪光补偿：−1EV | 曝光补偿：+1EV　闪光补偿：+1EV |

仅自动曝光

　　仅进行曝光补偿，而不会进行闪光补偿，所以理论上应该只有背景会有变化。不过曝光补偿多少还是会影响到主体，只是不会像自动曝光和闪光灯那么大。而如果不开启闪光灯，此项则非常适合风景照片的拍摄，看哪一张照片最符合自己的预期，还可以将多张照片进行后期HDR合成。

| 曝光补偿：0EV　闪光补偿：0EV | 曝光补偿：−1EV　闪光补偿：0EV | 曝光补偿：+1EV　闪光补偿：0EV |

仅闪光

仅闪光模式只针对闪光量进行补偿，理论上只有主体的曝光会有变化，背景曝光不会改变。另外，由于曝光补偿未发变化，因此主体曝光变化也不会有自动曝光和闪光灯模式那样明显。

曝光补偿：0EV　闪光补偿：0EV　　　　曝光补偿：0EV　闪光补偿：−1EV　　　　曝光补偿：0EV　闪光补偿：+1EV

白平衡包围

当拍摄场景光源较为复杂，而短时间内无法确定正确白平衡时，不妨使用白平衡包围设定。操作时，选择与现场光线比较接近的白平衡，设定调整A与B（黄色←→蓝色）的等级，即可同时拍摄多张不同的照片。

无调整　　　　　　　　　　　　朝B（蓝色）方向调整　　　　　　　　朝A（黄色）方向调整

白平衡包围只需一次快门

白平衡包围不像**自动包围曝光设定**中（如**自动曝光和闪光灯、仅自动曝光、仅闪光及动态D-Lighting包围**等）需要多次按下快门才能完成多张拍摄，而是按一次快门即可同时拍摄多张不同的照片。

补偿等级与拍摄张数设置

补偿等级是指不同照片之间白平衡的修正幅度，**拍摄张数**是按下快门，一次可拍摄多少张照片。对于D800来说，只要按住机身的**BKT**按钮，旋转主指令拨盘，即可调整进入**白平衡包围**设定，再通过副指令拨盘设定补偿等级，主指令拨盘设定拍摄张数。

设定补偿等级

设定拍摄张数

> **小提示**
>
> 自动包围曝光设定通过设置也可以设定自动拍摄多张，将在后文进行讲解。另外，在使用RAW拍摄时，白平衡包围无效。

动态D-Lighting包围

动态D-Lighting包围功能可以分别拍摄动态D-Lighting开启与关闭状态下的两张照片，当用户不确定是否要开启动态D-Lighting功能时，不妨试试该功能。

动态D-Lighting: 开启

动态D-Lighting: 关闭

自动包围曝光（手动模式）

●执着于某项设定不被更改

当相机处于M挡手动曝光模式下进行包围曝光拍摄时，可选择不想改动的项目。

设定步骤 ＞

①进入**自动包围曝光（手动模式）**选项。

②按拍摄需求选择相应的选项。

○光圈值：选择**闪光/速度**，则不会改变光圈大小。

○依包围设定：选择**闪光/速度/光圈**，则相机自行决定三者之间的选项。

○快门速度：选择**闪光/光圈**，则不会改变快门速度。

○闪光包围：选择**仅闪光**，则相机只针对闪光量进行增减补偿。

包围曝光顺序

●根据个人喜好决定

相机默认的包围曝光顺序是**正常>不足>过度**，此项可以更改为**不足>正常>过度**，此项没什么好说的，根据个人爱好而定吧！

设定步骤 ＞

①进入**包围曝光顺序**选项。

②选择个人喜好的顺序。

包围曝光顺序：正常>不足>过度

☀ 开关

●方便确认显示信息

☀开关可以设定电源开关切换到☀图示时的设置功能。当设定为LCD背光时，将会开启肩屏的照明；选择两者时还可以显示LCD显示屏的信息。此设定的加入使用户在黑暗环境中也能方便地确认拍摄信息。

设定步骤 ＞

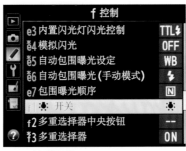

①选择☀开关。

②选择需开启的选项。

多重选择器中央按钮

●根据个人习惯进行设定

多重选择器中央按钮可以设定包括拍摄模式、播放模式和即时取景模式时的功能设定。

设定步骤 ＞

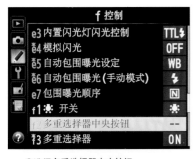

①选择多重选择器中央按钮。

②进入拍摄模式选项。

③选择相应的模式，包括RESET选择中央对焦点、加亮显示活动的对焦点和不使用。

④返回上一级菜单，进入播放模式选项，选择自己喜好的模式。

⑤返回上一级菜单，进入即时取景选项，选择相应的选项。

多重选择器

●确定曝光值的方便设定

一般情况下，当用户半按快门时就会启动自动测光功能，而多重选择器设置为**重设测光关闭延迟**时，就可以利用多重选择器来进行测光，不过个人建议设置为**不回应**选项，因为需要单独测光而不拍摄照片的情况很少。

设定步骤 ＞

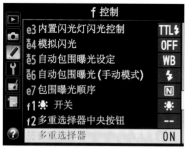

①进入**多重选择器**选项。

②选择相应的选项。

多重选择器

指定Fn按钮

●根据个人操作习惯进行设定

指定Fn按钮可以让用户根据自己的需求来进行快捷键设定，其中包括**按Fn按钮**和**Fn按钮+指令拨盘**两种设定可选。

设定步骤 ＞ **按Fn按钮**

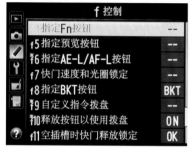

①选择**指定Fn按钮**。

②选择**按Fn按钮**。

③选择一项需要快捷操作功能。

设定步骤 > **Fn按钮+指令拨盘**

①进入Fn按钮+指令拨盘选项。

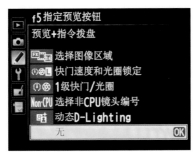

②选择其中一项进行指定。

Fn按钮，位于机身正前方左下方位置。

按Fn按钮子选项功能

选 项	说 明
预览	按下Fn按钮可执行景深预览。
FV锁定	按下Fn按钮可锁定闪光灯闪光数值（仅限内置闪光灯和SB-910、SB-900等原厂闪光灯）。
AE/AF锁定	按下Fn按钮锁定对焦与曝光值。
仅AE锁定	按下Fn按钮锁定曝光值。
AE锁定（快门释放时解除）	按下Fn按钮锁定锁定曝光值，快门释放时解除。
AE锁定（保持）	按下Fn按钮锁定曝光值，快门释放时并不解除，除非关机或再次按下Fn按钮。
仅AF锁定	按下Fn按钮时对焦锁定。
AF-ON	按下Fn按钮启动自动对焦。
闪光灯关闭	按下Fn按钮时闪光灯不工作。
曝光包围连拍	在单张拍摄模式中进行曝光或闪光包围时按下Fn按钮，则快门每释放一次，相机会拍摄当前包围程序中的所有照片。进行白平衡包围或选择连拍模式时，相机将在持续按下快门时重复曝光包围连续拍摄。
矩阵测光	按下Fn按钮矩阵测光被激活。
中央重点测光	按下Fn按钮中央重点测光被激活。
点测光	按下Fn按钮点测光被激活。
播放	按下Fn按钮实现播放按钮功能。
访问我的菜单中首个项目	按下Fn按钮转到我的菜单中设置的首个选项。
+NEF	按下Fn按钮在选择JPEG格式拍摄时同时拍摄RAW格式照片，如不用时需再次按下Fn按钮。
取景器虚拟水平仪	按下Fn按钮在取景器中显示虚拟水平仪。
无	按下Fn按钮无任何操作。

Fn按钮+指令拨盘子选项功能

选 项	说 明
选择图像区域	Fn按钮+指令拨盘可调节照片的区域，如FX、DX或5：4等。
快门速度和光圈锁定	如题
1级快门/光圈	Fn按钮+指令拨盘可指定相机调节时按照1级来调节快门速度和光圈值。
选择非CPU镜头编号	如题
动态D-Lighting	Fn按钮+指令拨盘可设定D-Lighting的关闭和开启等级。
无	操作Fn按钮+指令拨盘相机无任何反应。

指定预览按钮

●根据个人操作习惯进行设定

指定预览按钮可以让用户根据自己的需求来进行快捷键设定, 其中包括按预览按钮和预览+指令拨盘两种设定可选。

设定步骤 >

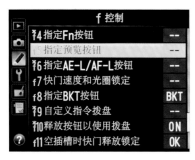

①选择指定预览按钮。

②选择按预览按钮。

③指定其中一项自己心仪的功能。

按预览按钮子选项功能

选 项	说 明
预览	按下预览按钮可执行景深预览。
FV锁定	按下预览按钮可锁定闪光灯闪光数值（仅限内置闪光灯和SB-910、SB-900等原厂闪光灯）。
AE/AF锁定	按下预览按钮锁定对焦与曝光值。
仅AE锁定	按下预览按钮锁定曝光值。
AE锁定(快门释放时解除)	按下预览按钮锁定锁定曝光值, 快门释放时解除。
AE锁定（保持）	按下预览按钮锁定曝光值, 快门释放时并不解除, 除非关机或再次按下预览按钮。
仅AF锁定	按下预览按钮时对焦锁定。
闪光灯关闭	按下预览按钮时闪光灯不工作。
曝光包围连拍	在单张拍摄模式中进行曝光或闪光包围时按下预览按钮, 则快门每释放一次, 相机会拍摄当前包围程序中的所有照片。进行白平衡包围或选择连拍模式时, 相机将在持续按下快门时重复曝光包围连续拍摄。
矩阵测光	按下预览按钮矩阵测光被激活。
中央重点测光	按下预览按钮中央重点测光被激活。
点测光	按下预览按钮点测光被激活。
播放	按下预览按钮实现播放按钮功能。
访问我的菜单中首个项目	按下预览按钮转到我的菜单中设置的首个选项。
+NEF	按下预览按钮在选择JPEG模式拍摄时同时拍摄RAW格式照片, 如不用时需再次按下预览按钮。
取景器虚拟水平仪	按下预览按钮在取景器中显示虚拟水平仪。
无	按下预览按钮后无需任何操作。

设定步骤 > 预览+指令拨盘

①进入**预览+指令拨盘**选项。

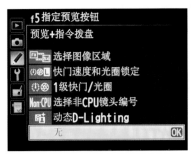

②选择其中一项进行指定。

预览按钮+指令拨盘子选项功能

选项	说　明
选择图像区域	预览按钮+指令拨盘可调节照片的区域，如FX、DX或5：4等。
快门速度和光圈锁定	如题
1级快门/光圈	预览按钮+指令拨盘可指定相机调节时按照1级来调节快门速度和光圈值。
选择非CPU镜头编号	如题
动态D-Lighting	预览按钮+指令拨盘可设定D-Lighting功能的关闭和开启等级。
无	操作预览按钮+指令拨盘相机无任何反应。

指定AE-L/AF-L按钮

●根据个人操作习惯进行设定

　　指定AE-L/AF-L按钮可以让用户根据自己的需求来进行快捷键设定，其中包括**按AE-L/AF-L按钮**和**AE-L/AF-L +指令拨盘**两种设定可选。

设定步骤 > 按AE-L/AF-L按钮

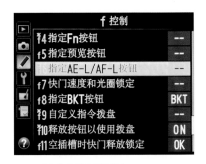

①选择**指定AE-L/AF-L按钮**。

②选择**按AE-L/AF-L按钮**。

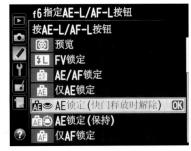

③指定其中一项自己心仪的功能。

设定步骤 ＞ AE-L/AF-L指令拨盘

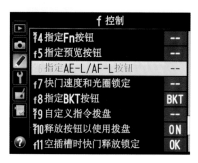

①选择**指定AE-L/AF-L按钮**。

②进入**AE-L/AF-L＋指令拨盘**选项。

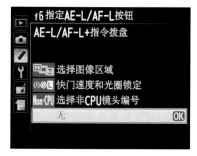

③选择其中一项进行设定。

按AE-L/AF-L按钮子选项功能

选 项	说 明
预览	按下AE-L/AF-L按钮可执行景深预览。
FV锁定	按下AE-L/AF-L按钮可锁定闪光灯闪光数值(仅限内置闪光灯和SB-910、SB-900等原厂闪光灯)。
AE/AF锁定	按下AE-L/AF-L按钮锁定对焦与曝光值。
仅AE锁定	按下AE-L/AF-L按钮锁定曝光值。
AE锁定（快门释放时解除）	按下AE-L/AF-L按钮锁定锁定曝光值，快门释放时解除。
AE锁定（保持）	按下AE-L/AF-L按钮锁定曝光值，快门释放时并不解除，除非关机或再次按下AE-L/AF-L按钮。
仅AF锁定	按下AE-L/AF-L按钮时对焦锁定。
AF-ON	按下AE-L/AF-L按钮启动自动对焦。
闪光灯关闭	按下AE-L/AF-L按钮时闪光灯不工作。
曝光包围连拍	在单张拍摄模式中进行曝光或闪光包围时按下AE-L/AF-L按钮，则快门每释放一次，相机会拍摄当前包围程序中的所有照片。进行白平衡包围或选择连拍模式时，相机将在持续按下快门时重复曝光包围连续拍摄。
矩阵测光	按下AE-L/AF-L按钮矩阵测光被激活。
中央重点测光	按下AE-L/AF-L按钮中央重点测光被激活。
点测光	按下AE-L/AF-L按钮点测光被激活。
播放	按下AE-L/AF-L按钮实现播放按钮功能。
访问我的菜单中首个项目	按下AE-L/AF-L按钮转到我的菜单中设置的首个选项。
+NEF	按下AE-L/AF-L按钮在选择JPEG格式拍摄时同时拍摄RAW格式照片，如不用时需再次按下AE-L/AF-L按钮。
取景器虚拟水平仪	按下AE-L/AF-L按钮在取景器中显示虚拟水平仪。
无	按下AE-L/AF-L按钮后无需任何操作。

AE-L/AF-L ＋ 指令拨盘子选项功能

选 项	说 明
选择图像区域	AE-L/AF-L按钮+指令拨盘可调节照片的区域，如FX、DX或5：4等。
快门速度和光圈锁定	如题
1级快门/光圈	AE-L/AF-L按钮+指令拨盘可指定相机调节时按照1级来调节快门速度和光圈值。
选择非CPU镜头编号	如题
无	操作AE-L/AF-L按钮+指令拨盘相机无任何反应。

AE-L/AF-L按钮在机身上的位置。

快门速度和光圈锁定

● 防止误操作的有效设置

快门速度和光圈锁定可以避免误操作指令拨盘时,不小心改变了光圈值或快门速度的设定,可以针对其中的一项进行锁定,当然也可以两项都锁定,后果就是拍摄所有照片的曝光值都一样,那就变成"行为艺术摄影"了。

不同曝光模式支持情况不同,快门速度锁定可用于S或M模式,光圈锁定选项可用于A或M模式。

设定步骤 > **快门速度锁定**

①进入**快门速度和光圈锁定**选项。　②选择**快门**速度锁定。　③选择**开启**或**关闭**。

设定步骤 > **光圈锁定**

①进入**快门速度和光圈锁定**选项。　②选择**光圈锁定**。　③选择**开启**或**关闭**。

指定BTK按钮

●设置为HDR尝鲜

指定BTK按钮功能可以设定包括自动曝光、多重曝光和HDR（高动态范围）在内的三个选项。由于HDR（高动态范围）是D800新加入的功能，用户不妨将其设定为HDR尝尝鲜。

设定步骤 >

①进入**指定BTK按钮**选项。

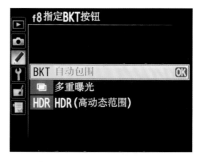

②选择其中的一项设定。

自定义指令拨盘

●建议除菜单和播放外不要轻易改变默认值

自定义指令拨盘可以设定主、副指令拨盘相关的设定，包括**反转方向**、**改变主/副**、**光圈设定**、**菜单和播放**等选项，用户可以根据个人的使用习惯进行更改。

反转方向

反转方向可以改变指令拨盘左右旋转时的功能。设定为**是**时，相机将以反方向旋转拨盘来实现原来的功能。比如一般缩小光圈时是将副指令拨盘向右旋转，但是更改设定后，缩小光圈就要向左旋转。

设定步骤 >

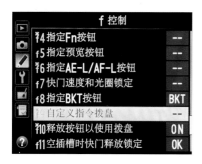

①进入**自定义指令拨盘**选项。

②选择**反转方向**。

③设定反转**曝光补偿**或**快门速度/光圈**。

改变主/副

改变主/副可以互换主、副指令拨盘的功能。例如一般主指令拨盘负责更改快门速度，副指令拨盘负责更改光圈值，此项开启后，两者功能互换。另外，D800新增了**开启（自动）**选项，选择该选项时主指令拨盘仅在AC光圈优先模式下设定光圈。

设定步骤 >

①选择**改变主/副**。

②选择开启或关闭**改变主/副**。

光圈设定

光圈设定可以在A（光圈优先）或M（手动曝光）设定时，改变拥有光圈环的CPU镜头（如AF系列）光圈值时，是使用副指令拨盘还是镜头的光圈环。个人建议采用副指令拨盘进行设定，但是如果你是个用惯了手动镜头的摄影人，不妨设置成光圈环，在D800上找找徕卡M9的感觉。

设定步骤 >

①选择**光圈设定**。

②指定其中一项。

小提示

如果D800安装的是非CPU镜头，那么无论是否设置成采用副指令拨盘来调节光圈，都只能通过镜头光圈环来设定光圈值。

指令拨盘操作

副指令拨盘			
光圈	向右旋转	是	放大
		否	缩小
	向左旋转	是	缩小
		否	放大
主指令拨盘			
快门速度	向右旋转	是	变慢
		否	变快
	向左旋转	是	变快
		否	变慢
曝光补偿	向右旋转	是	正补偿
		否	负补偿
	向左旋转	是	负补偿
		否	正补偿

小提示

即使变更了旋转方向，若曝光补偿中的反转指示器功能没有改变，在操作上也不会发生改变。

尼康AF 50mm f/1.4D

尼康AF系列，如尼康AF 50mm f/1.4D既可使用光圈环来设定光圈值，也可以指定副指令拨盘来调节光圈值。

菜单和播放

菜单和播放可以在菜单界面或播放界面中，利用主、副指令拨盘操作来代替多重选择器进行切换，此项建议设置为**开启**，在操作时会非常灵活方便。

设定步骤 >

①进入**自定义指令拨盘**选项。

②选择**菜单和播放**。

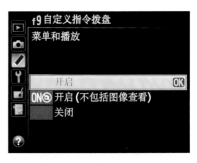

③选择其中一项设定。

主指令拨盘的功能

副指令拨盘的功能

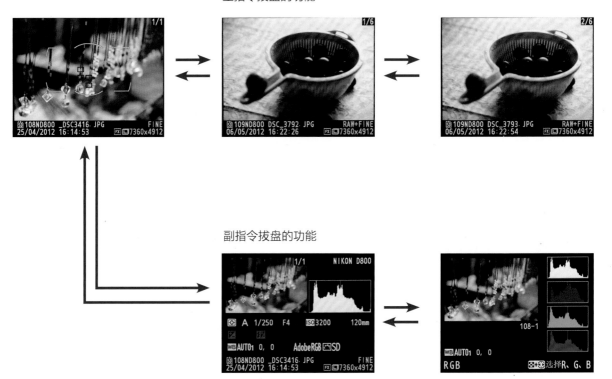

播放照片：主指令拨盘切换显示的照片，副指令拨盘切换照片的信息。

主指令拔盘的功能

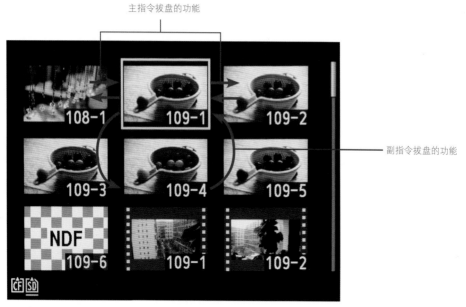

副指令拔盘的功能

缩图显示：主指令拔盘左右移动，副指令拔盘上下移动。

副指令拔盘的功能

主指令拔盘的功能

菜单界面：主指令拔盘作为多重选择器的▲▼，副指令拔盘作为◀ ▶。不过需要注意的是，副指令拔盘代替的▶不具备确认功能。

释放按钮以使用拨盘

●懒人可以变得更懒

　　D800相机一般是通过按住按钮再旋转指令拨盘才能更改如曝光模式、ISO等模式的调整，而将**释放按钮以使用拨盘**功能开启之后，可以让懒人变的更懒，因为你只需要按下相应的功能按钮（如曝光模式），然后松开，就可以使用指令拨盘进行调整，而不必按住按钮再旋转拨盘才能更改设定。

　　适用此功能的按键包括：画质模式按钮、白平衡按钮、ISO感光度按钮、曝光补偿按钮、曝光模式按钮、闪光模式按钮、曝光补偿按钮、自动包围曝光按钮等。

设定步骤 >

①进入**释放按钮以使用拨盘**选项。

②选择是否开启。

空插槽时快门释放锁定

●按不动快门时检测此项

设定步骤 >

　　也许有些用户会突然发现自己的相机无法按下快门拍摄了，别急，也许是你将**空插槽时快门释放锁定**选项设置为LOCK 快门释放锁定，而又忘记插入存储卡造成的。**空插槽时快门释放锁定**可以设定相机在没有插入存储卡时能否按下快门拍摄，用户可以根据自己喜好而设定。

①进入**空插槽时快门释放锁定**。

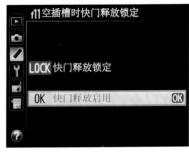

②选择需要的设定。

反转指示器

●照顾换门用户的设定

设定步骤 ＞

反转指示器可以逆向设定取景器、显示面板里的曝光补偿指示器显示方向，尼康D700的默认值为+0-，而D800的默认值为-0+，与其他品牌保持一致，如果你是D700升级的用户，不妨将此功能开启。

①选择反转指示器菜单。

②选择是否开启。

指定MB-D12 AF-ON按钮

●根据个人操作习惯设定

指定MB-D12 AF-ON按钮菜单可以设定用户在安装了MB-D12外接手柄时，AF-ON按钮的快捷设定项目，用户可以根据个人的操作习惯进行设定。

设定步骤 ＞

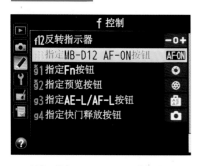

①进入指定MB-D12 AF-ON按钮选项。

②选择相应的选项即可。

子项目设定解析

选 项	说 明
AF-ON	按下MB-D12手柄AF-ON按钮启动自动对焦。
FV锁定	按下MB-D12手柄AF-ON按钮可锁定闪光灯闪光数值（仅限内置闪光灯和SB-910等原厂闪光灯）。
AE/AF锁定	按下MB-D12手柄AF-ON按钮锁定对焦与曝光值。
仅AE锁定	按下MB-D12手柄AF-ON按钮锁定曝光值。
AE锁定（快门释放时解除）	按下MB-D12手柄AF-ON按钮锁定锁定曝光值，快门释放时解除。
AE锁定（保持）	按下MB-D12手柄AF-ON按钮锁定曝光值，快门释放时并不解除，除非关机或者再次按下该按钮。
仅AF锁定	按下MB-D12手柄AF-ON按钮时对焦锁定。
与Fn功能相同	如题。

08

指定Fn按钮

●根据个人操作习惯设定

　　指定**Fn按钮**功能可以指定动画拍摄时的功能选项，使动画拍摄更加自如，其选项包括：**电动光圈（打开）、索引标记、查看照片拍摄信息和无**四项。

设定步骤 >

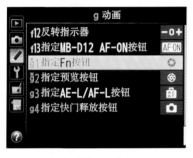

①进入**指定Fn按钮**功能菜单。

②选择**按Fn按钮**。

③选择需要设定的值。

子选项功能解析

选 项	说 明
电动光圈（打开）	若拍摄动画时不是最大光圈，按下Fn按钮时，光圈将逐级自动放大，而无需转动副指令拨盘。
索引标记	按下Fn按钮在视频中加上索引标记，方便后期编辑动画。
查看照片拍摄信息	按下Fn按钮查看拍摄照片时的参数设置。
无	按下Fn按钮相机无反应。

指定预览按钮

●根据个人操作习惯设定　　设定步骤 >

　　指定预览按钮功能可以指定在动画视频拍摄时的功能选项，使拍摄动画更加便捷，其选项包括：**电动光圈（打开）、索引标记、查看照片拍摄信息和无**四项，与指定Fn按钮功能相同。

①进入**指定预览按钮→按预览按钮**。

②选择需要设定的值。

指定AE-L/AF-L按钮

●根据个人操作习惯设定   设定步骤 >

指定AE-L/AF-L按钮功能可以指定在动画视频拍摄时的功能选项，使拍摄动画时更加得心应手，其选项包括：**索引标记**、**查看照片拍摄信息**、AE/AF锁定、仅AE锁定、AE锁定（保持）、仅AF锁定和无等。

①进入**指定AE-L/AF-L按钮→按AE-L/AF-L按钮**。

②选择需要设定的值。

子选项功能解析

项 目	说 明
索引标记	按下AE-L/AF-L按钮在视频中加上索引标记，方便后期编辑动画。
查看照片拍摄信息	按下AE-L/AF-L按钮查看拍摄照片时的参数设置。
AE/AF锁定	按下AE-L/AF-L按钮锁定对焦与曝光值。
仅AE锁定	按下AE-L/AF-L按钮锁定曝光值。
AE锁定（保持）	按下AE-L/AF-L按钮锁定曝光值，快门释放时并不解除，除非关机或者再次按下AE-L/AF-L按钮。
仅AF锁定	按下AE-L/AF-L按钮时对焦锁定。
无	按下AE-L/AF-L按钮相机无反应。

指定快门释放按钮

●根据个人习惯设定   设定步骤 >

指定快门释放按钮可以指定快门在LV即时取景时，是拍摄照片还是录制动画，建议设定为拍摄照片，因为录制动画功能D800已经提供了单独的按钮。

①进入**指定快门释放按钮**界面。

②选择**拍摄照片**或**录制动画**。

● 焦距：70mm
● 光圈：f/2.8
● 快门：1/160 秒
● 感光度：ISO200
● 曝光补偿：-1EV

part

09

设定菜单

格式化存储卡

● 执行前切记将重要照片导出

当我们希望清空存储卡中的数据时,除了可以选择**删除**选项外,还可以使用**格式化存储卡**将数据全部清空,使存储卡恢复到原始无数据状态。切记执行前将重要照片导出,因为存储卡格式化之后数据将难以恢复。

设定步骤 >

①进入**格式化存储卡**选项。

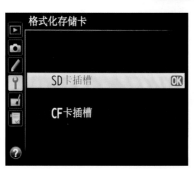

②选择相应的存储卡卡槽格式化。

D800除了可以在设定菜单中**进行格式化存储卡**外,还有可以通过同时按下具有FORMAT标志的 🗑 和 MODE 进行格式化。设定步骤如下:

同时按下 🗑 和 MODE,直到控制面板和取景区中出现闪烁的 For 提示。

如果需要进行格式化,则再次按下 🗑 和 MODE,即对当前存储卡格式化。

如果不需要进行格式化,控制面板和取景区中出现闪烁的 For 提示时,等待6秒至 For 提示不再闪烁,或按下除 🗑 和 MODE 外的其他任何按钮均可停止。

双建格式化操作在机身上实现的方法,就是同时按下如图中所示两个带红色"FORMAT"标志的快捷键,它们一个位于机背左侧,一个位于机身右肩靠近快门的位置,尼康这样的设计是为了防止用户出现误操作。但在操作前应务必提前选择好要格式化的存储卡插槽!

小提示

D800 在**双键格式化**时会格式化**主插槽选择**菜单中设定的卡槽,无论采用何种方式进行格式化,在过程中都不要取出存储卡、关机或按出电池,以免存储卡损坏。

设定步骤 >

①按下 🗑 按钮。

②同时按下 **MODE** 按钮。

显示屏亮度

● 根据现场光线强度进行调整

　　由于在室外和室内拍摄时的环境光线并不相同，LCD显示屏的亮度也不会像iPhone或Android智能手机一样自动调节亮度，因此我们需要根据不同的环境光线手动调节亮度，一般来说室内可以将显示屏亮度降低，室外则将亮度提高。在调整时以灰阶显示为准，能够在LCD显示屏上清晰地看清最亮和最暗的灰阶最为适宜。

设定步骤 >

①进入**显示屏亮度**调节菜单。

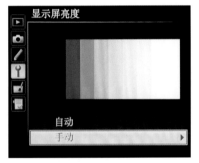

②选择**手动**或**自动**调节。

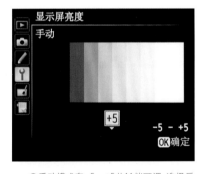

③手动模式有-5—+5共11挡可调，选择后按下○K完成设定。

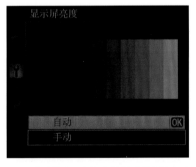

④自动模式下相机会根据当前光线自动进行调节。

小提示

　　在调节时除了以 LCD 显示屏的灰阶为基准外，最好还要结合自己电脑的显示器来设置亮度，这样能方便地在电脑上查看或处理照片，不至于亮度相去甚远。此外，个人建议此项设置一个数值后不要频繁地去调整，即使环境光线变化，比如室内调整好后室外可能会亮度偏暗，用手遮挡光线查看即可。

09

清洁图像传感器

● 可在开/关时自动除尘

由于数码单反相机需要频繁地更换镜头,因此密封性必然不如消费类数码相机,也就给了灰尘可乘之机。如果CMOS传感器上出现了灰尘,就要用到**清洁图像传感器**功能,想当年这还是各个单反相机厂商主推的一个新功能,如今已经非常普及了。**清洁图像传感器**时可以选择**立即清洁**,也可以选择**启动/关闭**时清洁,建议平时开启后者,以防止细小灰尘附着在传感器上。

设定步骤二 > **立即清洁**

①进入**清洁图像传感器**选项。

②选择**立即清洁**。

③当"正在清洁图像传感器"字样消失即完成清洁。

设定步骤二 > **启动/关闭清洁**

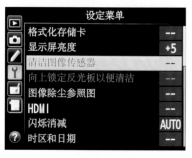

①进入**清洁图像传感器**选项。

②选择**启动/关闭时清洁**。

③选择其中一项即可。

向上锁定反光板以便清洁

● 注意不要接触传感器

设定步骤 >

如果图像传感器附着了带有黏性的灰尘，采用清洁图像传感器可能就无能为力了，此时需要用气吹将灰尘干掉！而在清洁时需要拧下镜头，抬起反光板，在**向上锁定反光板以便清洁**选项中选择**开始**并按⊗下即可。

选择**向上锁定反光板以便清洁**选项后，进入**开始**选项，按下⊗后，再按下快门释放按钮反光板就会升起，结束清洁时关机即可。

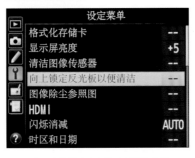

①进入**向上锁定反光板以便清洁**选项。

②选择**开始**并按⊗即可。

反光板平常状态。

向上锁定反光板以便清洁时的状态。

清洁中

将相机卡口向下，气吹向上进行清洁，注意不要将气吹的喷嘴进入机身内部，以免不小心碰到传感器造成损坏。

使用气吹由下往上进行清洁。

低电量时无法操作

相机电量在60%以下时，向上锁定反光板以便清洁为灰色选项不可选，无法进行此项操作。

低电量时，**清洁图像传感器**显示为灰色，无法操作。

小提示

如果使用气吹仍然无法消除灰尘，建议送去尼康售后处理，如果你对自己的 DIY 能力十分有信心的话，可以用果冻笔尝试一下。

另外，照片中的灰尘位置与传感器是左右相同、上下相反的，比如照片中看到灰尘的位置在左上角，那么在传感器上的位置则在左下角。

图像除尘参照图

● 方便CaptureNX2后期去除尘点

　　之前介绍的**清洁图像感应器**、**向上锁定反光板以便清洁**选项是拍摄前期防止灰尘的方法，但是如果我们拍摄了很多张照片之后才发现传感器存在尘点，那又如何是好呢？

　　单张照片出现尘点，可以采用PhotoShop中的图章或修复画笔工具进行修饰，但如多张照片都出现尘点，靠PhotoShop单张处理就太麻烦，此时相机中的**图像除尘参照图**功能加上CaptureNX2后期批量去除尘点就会十分方便。不过需要注意的是，**图像除尘参照图**功能只支持RAW格式文件。

　　在除尘之前，需要拍摄一张**图像除尘参照图**的照片，建议采用50mm焦距以上的CPU镜头拍摄。另外，拍摄时需要对着白色物体，如白纸或白墙。

　　选择**图像除尘参照图**之后，会出现**开始**与**清洁感应器后启动**两个选项，可以根据自己的需要选择，如果是想用CaptureNX2后期去除之前拍摄的照片，就选择**开始**；而如果需要去除之后拍摄的照片，可选择**清洁感应器后启动**，因为**清洁感应器后启动**会先自动将相机除尘后再进行**图像除尘参照图**的拍摄。无论选择哪一个选项，在拍摄前控制面板和取景器上都会出现"rEF"提示。

设定步骤 ＞

①在设定菜单中选择**图像除尘参照图**。

②选择**开始**或**清洁感应器后启动**。

③按LCD显示屏提示的内容拍摄即可。

　　如右图市政厅钟楼的照片中，灰尘在天空的部分留下了明显的投影。风光照片中，无孔不入的灰尘落在CMOS上对最终作品的影响是很严重的，尼康添加的这项功能对于职业摄影师紧急修补此类问题有着重要的实用意义。

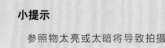

小提示

　　参照物太亮或太暗将导致拍摄参照图失败！

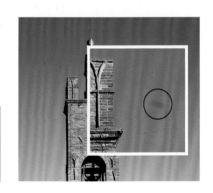

Capture NX2中使用图像除尘参照图

　　打开一张RAW格式的图像，在编辑列表/相机和镜头调整中的除尘参照图拍摄时间为更改到有图像除尘参照图的文件夹即可。

除尘前后效果对比

除尘之后图像

除尘之前图像

HDMI

● 设置为AUTO 自动即可

　　HDMI选项可以设定相机采用何种格式和分辨率输出到具有HDMI接口的电视机、显示器等设备。

设定步骤一 >

①进入**HDMI**选项。

②选择**输出分辨率**。

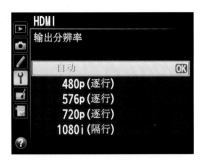

③选择其中一项即可。相机中的输出分辨率可自行检测相机中的图像信号,因此一般设置成自动即可。

设定步骤二 >

①进入**高级**选项。

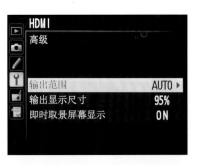

②选择**输出范围**。

③选择其中一项即可。

④选择**输出显示尺寸**。

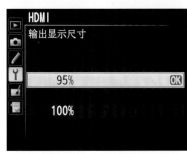

⑤选择其中一项即可。

小提示

　　高级选项包含了输出范围、输出显示尺寸和即时取景屏幕显示(决定在 HDMI 输出时,相机 LCD 显示屏是否显示画面)三个选项,用户可根据自己的需要进行选择。

D800配置MINI HDMI接口

D800配置的MINI HDMI接口,因此无法使用普通的HDMI线缆进行连接,用户在购买HDMI线缆时要特别注意。

设定步骤 >

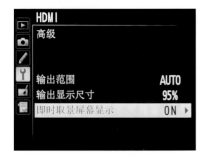

①选择**即时取景屏幕显示**。

②选择其中一项即可。

闪烁消减

● 建议设置为50Hz

在即时取景拍摄或进行动画录制时,假如我们在室内荧光灯环境下拍摄,则显示屏可能会出现闪烁或条纹,这是因为电源频率与相机LCD屏刷新频率不同步不符造成的,由于大陆的电源频率为50Hz,因此**闪烁消减**选项建议设为50Hz。

如果选择了相应频率仍然无法降低闪烁,可尝试缩小镜头的光圈来减小闪烁。另外,为了完全避免闪烁,可选择M模式选择适合电源频率的快门速度,大陆为1/100秒、1/50秒或1/25秒。

设定步骤 >

①在**设定菜单**中选择**闪烁消减**选项。

②在**自动**、**50Hz**、**60Hz**中选择一项即可。

世界时间

● 国外旅游时善用时区设定

　　世界时间可以设定相机的时间和时区,设定的时间会保存在照片的**EXIF**信息中。而在外国旅行时,善用**世界时间**功能可以让相机内时钟自动切换到当地时间,另外,相机中还设置了夏季时间(我国20年前就不再使用的夏令时),方便在采用了夏季时间的国家中使用。

设定步骤一 ＞

①进入**时区和日期**选项。

②选择**时区**。

③选择所在国家相应时区。

④进入**时区和日期**选项。

⑤设定相应的时间和日期。

⑥进入**日期格式**选项。

⑦选择相应格式。

⑧进入**夏令时**选项。

⑨选择**开启**或**关闭**。

语言（Language）

● 设置成中文吧！

语言（Language）可设定菜单和信息显示的语种，对于此项没什么好说的，如果这本书不是捡的而是买的，同时你也不是外语控就设置成中文吧！

设定步骤 ＞

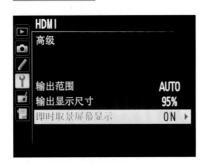

①进入**语言（Language）**选项。　②选择**中文（简体）**即可。

自动旋转图像

● 建议设置为开启

自动旋转图像开启后，相机便能记录图像的长宽信息，在利用ViewNX和CaptureNX2等软件打开记录长宽信息的图像时，就能自动旋转。而如果此项设置为关闭，所有拍摄的图像都会以水平方向显示。

设定步骤 ＞

①进入**自动旋转图像**选项。　②选择**开启**或**关闭**。

> **小提示**
>
> 此项与**旋转画面至竖直方向**看似有些类似，如果将相机的旋转画面至竖直方向功能开启，自动旋转图像设置为关闭，那么照片也只是在 LCD 显示屏上以竖直方向显示，在 ViewNX 和 CaptureNX2 等软件中还会以水平方向显示。

电池信息

● 以1%为单位确定电量

电池信息功能可以方便地确认电池的剩余电量，以1%为单位。同时还可以查看充电后的拍摄张数与电池寿命。

设定步骤 ＞

①在**设定菜单**中，选择**电池信息**。

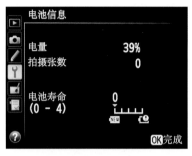

②在**电池信息**界面中即可查看电量，电池寿命等信息。

电池信息项目说明

项目	说　明
电量	以百分比显示当前剩余电量。
拍摄张数	电池最近一次充电拍摄过的照片张数。
校准	外接使用EN-EL15电池的MB-D12手柄时显示： • ☀CAL需要校准电量； • ● —— 不需要校准。
电池寿命	分5级显示，显示0(NEW)表示电池性能未减弱，显示4(❻)时则表示电池走到了尽头。注意，在低于5℃环境中充电时，电池寿命可能会显示降低，在20℃以上环境充电一次后即可恢复正确显示。

无线传输器

● 需另购WT-4无线模块

　　如果用户另购的WT-4无线模块，则可以通过无线或有线网络来传送或打印照片，并且还可以通过Camera Control Pro2软件来控制相机。

　　如今越来越多的相机开始支持无线传输功能，D800虽然有WT-4无线模块可选，但是WT-4无线模块体积庞大，不适合外出携带。而尼康在发布D3200时也发布了一款小巧的WU-1a无线模块，可以和Android系统手机分享照片，并且可以用手机遥控相机拍摄，但遗憾的是目前WU-1a无线模块只支持D3200，希望D800能够在今后升级固件时支持WU-1a无线模块！

设定步骤 ＞

尼康WU-1a无线模块

尼康WT-4无线模块

　　如果没有安装无线传输器，则该选项为灰色不可选。

图像注释

● 便于事后归类照片

　　图像注释功能可以在拍摄前将拍摄主体和拍摄条件等事先记录的信息作为照片的批注,在整理照片时非常重要。在新增批注方面,相机支持英文与数字组合的最多36个字符,批注字符可以在查看照片信息时或用ViewNX或CaptureNX2等软件确认。

设定步骤 >

①进入**图像注释**。

②选择**输入注释**。

③输入完成按下**OK**。

④选择**附加注释**,按下▶确认或取消。

⑤选择**完成**选项,按下**OK**。

小提示

　　由于本项功能仅支持英文输入,对于中国用户来说不太方便,因此建议将照片传输到电脑上后,采用 Adobe Lightroom 或 Adobe Bridge 等软件输入和分类时再加入相关信息。

版权信息

● 查看照片时可进行确认

版权信息可以在图像中增加版权相关信息,分为**拍摄者**与**版权**两种,不过目前只能使用英文,不支持中文。版权信息有字数限制,**摄影者**为36个字母,**版权**为54个字母。设定后可以在照片播放时查看所设定的内容,也可以通过电脑软件查看。有了这项功能就不怕有人盗用自己的照片了,前提是盗用者不会更改照片信息!

在Windows中查看时可显示作者名称。

设定步骤 >

①进入**版权信息**选项。

②选择**拍摄者**。

③输入**拍摄者**名称。

④输入完成后确认。

⑤返回上一级菜单,并选择**版权**。

⑥输出**版权**名称。

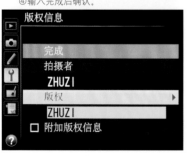

⑦确认后将会显示版权名称。

⑧选择**附加版权信息**,按▶决定是否添加版权信息。

⑨选择**完成**确认。

保存/载入设定

● 拥有多台D800相机可以善加利用

如果用户拥有多台D800相机,用户只需在一台相机上设置拍摄菜单、播放菜单个人设定菜单等设定,然后将其保存在存储卡中,就可以通过存储卡将设定导入其他D800相机中,免去了逐台设置菜单的烦恼。

设定步骤 >

①进入**保存/载入设定**菜单。

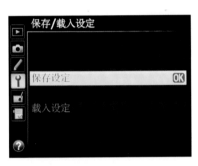

②选择**保存设定**保存D800(A)中的设定。

③将存储卡插入D800 (B)中,选择**载入设定**,即可拥有D800(A)中的设定。

保存/载入设定能够转移的选项

播放菜单	显示模式/图像查看/删除之后/旋转画面至竖直方向。
个人设定菜单	除重设个人设定菜单之外所有选项。
设定菜单	清洁图像感应器/视频模式/HDMI/世界时间(不包含日期和时间)/语言(Language)/图像注释/自动旋转图像/原始影像验证/版权信息/GPS/非CPU镜头数据。
我的菜单	我的菜单中的项目。

> **小提示**
>
> 此项功能对于经常微调选项、且拥有多台相机的用户非常实用。

GPS

● 国内可能很少用到

国内不允许相机有GPS功能,因此国内用户可能无法购买到外置的GPS模块,此项我们只作简单的操作讲解。GPS选项中有**自动测光关闭**、**位置**和**使用GPS设定时钟**可选。

设定步骤 > 自动测光关闭

尼康GP-1 GPS接收器

①**自动测光关闭**开启后,GPS模块会伴随自动测光是否运行来决定是否启用,选择开启后电量消耗较低,但是再度开启GPS需要一定时间才能获得信息,因此可能无法将地理位置信息记录在图像里。

②关闭后,GPS模块会一直运行,随时记录信息,但是会比较耗电,用户可以根据自己的需要进行选择,当GPS模块正常接收到卫星信号后,即可从**位置**选项查看当前的纬度、经度、高度、罗盘方位、UTC等信息。

使用GPS设定照相机时钟

使用GPS设定照相机时钟可根据GPS信息设定当前的时区、时间等。

设定步骤 >

①在GPS菜单中选择**使用GPS设定照相机时钟**。

②选择**是**或**否**。

虚拟水平

● 拍摄风景等严谨水平构图时使用

虚拟水平是可以在LCD显示屏中显示电子水平仪的功能,相机内置陀螺仪可以检测相机是否处于水平状态,D800可以检测相机前后左右四个方向是否水平,这对风景等需要严谨水平构图的题材使用会非常方便,相比三脚架上的水平仪更加准确。

> **小提示**
>
> **虚拟水平**的每个刻度参考为5°,如果相机的倾斜角度太大,虚拟水平无法准确显示,而如果相机无法测量倾斜角度时,倾斜角度也将不会显示。

设定步骤 > **显示方式**

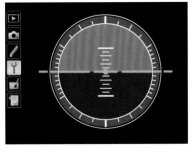

相机会自动检测是否处于水平状态,如果相机未向左右倾斜,左右倾斜刻度参考线会变绿;而如果相机未向前后倾斜,前后倾斜参考线也会变绿,并且在屏幕中央会显示一个圆点。

非CPU镜头数据

● 手动头老用户必选之项

设定步骤 >

虽然尼康的AF-S系列镜头拥有业内顶级的自动对焦功能,但也仍有一些用户喜欢使用较老的尼康手动镜头,还有部分用户通过更改镜头卡口或使用转接环在尼康相机上使用诸如徕卡、卡尔·蔡司、福伦达等旧手动镜头,但是这些镜头不但只能手动对焦,还无法和机身很好地传输数据,而尼康的**非CPU镜头数据**功能就是为这些老手动镜头所准备的。

非CPU镜头数据可以设定镜头的编号、焦距、最大光圈等数值,以便能够更好地使用测光功能,从这点上看,尼康相比佳能要更加贴心。

①进入**非CPU镜头数据**选项。

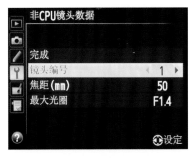

②按下◀ ▶选择镜头编号。

③按下◀ ▶选择焦距。

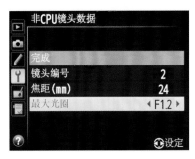

④按下◀ ▶选择最大光圈并在**完成**选项上按下⊗结束操作。

09

AF微调

● 高手专用, 菜鸟绕行!

　　极少数镜头可能存在跑焦现象, 因此D800还集成了AF微调功能, 可以让自动对焦镜头对焦更加精确。此选项为高手专用, 菜鸟请谨慎调节, 不然可能会导致不跑焦的镜头跑焦, 甚至在无限远时无法对焦等情况。

设定步骤 >

①在**设定菜单**中选择**AF微调**。

②选择**AF微调(开启/关闭)**。

③选择**开启**即可。

默认值

　　当选择的镜头之前没有在D800上使用过时, 选择此项来调整AF微调值。

设定步骤 >

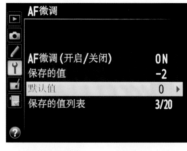

①在**AF微调**菜单中选择**默认值**。

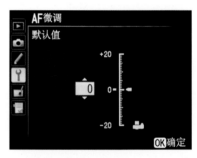

②通过▲▼进行调节即可。

保存的值

　　保存的值能够微调镜头的AF数值, 范围为+20—-20之间共40挡。当数值设为正数时, 焦点位置向无限远方向偏移, 负数则向最近对焦距离方向偏移。在设定界面中, 相机还会显示上次AF微调的数值, 方便用户参考。

设定步骤 >

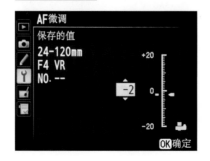

①在**AF微调**菜单中选择**保存的值**。

②通过▲▼进行微调即可。

小提示

建议此项调整时采用实时取景的反差式对焦先对焦,然后记录下镜头对焦窗中标尺的位置,再切换到相位检测式对焦进行调整,因为反差式对焦的精度要高,堪比手动对焦。

保存的值列表

保存的值列表可以显示保存的值内登记的镜头。**保存的值列表**功能无法添加同一款镜头,如果要添加同一款镜头时,可通过此功能更改其中的一组变化,以方便识别同一型号的多支镜头。另外,此功能还可以删除已记录的镜头数据。

设定步骤 >

①在**AF微调**菜单中选择**保存的值列表**。

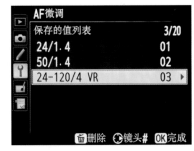

②选择所使用镜头的型号。

固件版本

● 结合官网查看是否有可更新固件

固件版本可以显示当前相机的版本号,还可以利用该菜单进行固件更新。默认菜单并不会出现固件更新选项,当把下载有固件程序的存储卡插入相机后,相机会开启**固件更新**选项,此时即可更新相机固件版本。

设定步骤 >

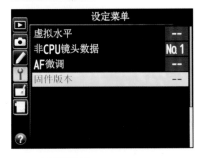

①选择**固件版本**。

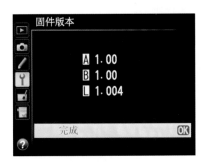

②显示当前固件的版本号。

小提示

关于 D800 的最新固件版本和具体更新方法请查询 http://www.nikon.com.cn/。

● 焦距：105mm
● 光圈：f/2.8
● 快门：1/80 秒
● 感光度：ISO200

润饰菜单

D-Lighting

● 如果感觉照片太暗，就使用D-Lighting吧

播放照片时，如果觉得照片因为逆光拍摄而导致画面太暗或曝光不足，即可开启**D-Lighting**进行优化。**D-Lighting**能够改善画面中较暗部分。

如何得到美女夸奖？

在拍摄逆光人像时，如果想让背景曝光正确，那么人脸势必会曝光不足；而如果想要人脸曝光正确的话，背景又会一片惨白。这是很多摄影师都会遇到的烦恼。而有了**D-Lighting**后期润饰功能后，我们就可以拍摄一张背景曝光准确的照片，然后再通过D800的**D-Lighting**功能将人脸提亮。有了此功能，即使在其他相机上看似废掉的美女照片，也可以让美女欢呼雀跃，会得到美女大大的夸奖！

设定步骤 ＞

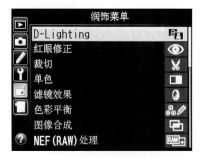

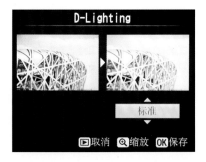

①选择**润饰菜单**中的**D-Lighting**选项。

②按多重选择器的▶进入照片选择界面，选定照片后按下◉确认要进行的照片。

③按多重选择器的▲▼调节**D-Lighting**等级。

■ 小提示

D-Lighting 功能对于亮部是无能为力的，而拍摄菜单中的动态 D-Lighting 则能兼顾亮部与暗部。另外，D-Lighting 功能虽然可以提亮照片中的暗部，但并不能做到无损，只是一种补救措施，因此不要将希望全部寄托在 D-Lighting 功能上。对于美女拍摄而言，掌握好自然光和闪光灯布光更为重要，还能让美女认为你够专业，何乐而不为呢？

D-Lighting润饰效果

D−Lighting：关闭

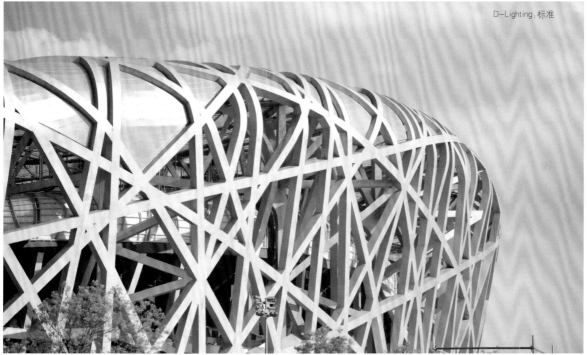

D−Lighting：标准

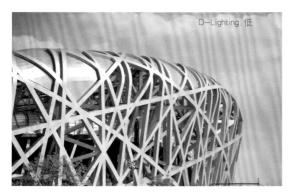

D−Lighting：低

D−Lighting：高

10

红眼修正

● 自动检测红眼并修正

　　"红眼"现象是这样产生的：在外界光线很暗的条件下人的瞳孔会变大，当闪光灯的闪光透过瞳孔照在眼底时，密密麻麻的细微血管在灯光闪耀下显现出鲜红色反射回来，在眼睛上形成"红点"，就是"红眼"。

　　目前几乎所有的相机都具备闪光灯防红眼功能，但是我们在拍摄时可能会忘记开启，此时**红眼修正**功能就可以派上用场了。D800的**红眼修正**功能可以自动检测出红眼，然后进行修正。

设定步骤 ＞

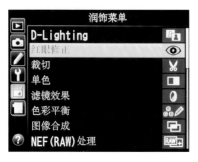

①进入**红眼修正**选项。

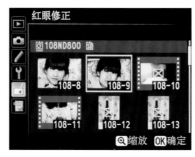

②选择需要进行红眼修正的照片，按下⑩进行红眼修正。

小提示

　　未使用闪光灯拍摄的照片无法选择红眼修正功能。

红眼修正后期效果

红眼修正前

红眼修正后

裁 切

● 可根据不同比例裁切

如果拍摄时照片中的主体过小,可以利用**裁切**功能裁掉四周多余的部分,使照片主体更加突出。另外,裁切功能还能实现变焦效果,例如我们采用尼康AF-S Nikkor 24-70mm f/2.8G的70mm端"打鸟"时,焦距可能并不理想,就可以通过此项功能裁切成相当于200mm端的效果。在裁切时,有3:2、4:3、5:4、1:1、16:9等比例可选。

设定步骤 >

①进入**裁切**选项。

②选择要进行处理的照片。

③裁切自己需要的宽高比,拨动主指令拨盘可选择比例,❤与❤可调节裁切画面的大小。

④完成后按下🆗进行保存。

10

单 色

● 可利用"单色"创作独具风格的作品

单色照片是利用单色的深浅来呈现图像，其效果就像素描一样。在润饰菜单中，单色分为黑白、棕褐色和冷色调三种。黑白色调可以用在怀旧、人文等题材；棕褐色可以展示出一种忘却的纪念；冷色调为蓝色单色调，颇有日式小清新风格，是美女的最爱哦！

设定步骤 >

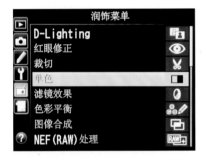

①进入**单色**选项。

②选择**黑白、棕褐色**和**冷色调**中的一项。

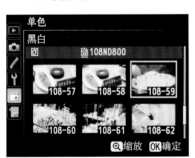

③选择照片按下⊗确认。

④再次按下⊗保存照片（棕褐色和冷色调还可以通过多重选择器的▲▼调节明暗）。

小提示

在使用棕褐色和冷色调创作时，还可以调整明暗程度。

单色效果对比

原色

黑白

单色效果对比

原色

棕褐色

原色

冷色调

滤镜效果

● 巧妙运用, 让照片更加专业

滤镜效果可以在照片上创造包括天光镜、暖色滤镜、红色增强镜、绿色增强镜、蓝色增强镜、十字滤镜和柔和等效果。

天光镜

天光镜也是一种暖色滤镜, 其效果等同于胶片时代常用的天光镜效果——减少天空中的散射光引起的景物偏蓝色调的现象, 减少照片中的蓝色; 而暖色滤镜则可以使画面整体效果更暖。

设定步骤 >

①进入滤镜效果选项。

②选择天光镜。

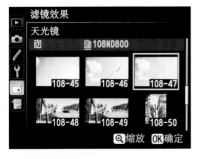

③确认要润饰的照片, 按下OK确认。

④最后按下OK保存。

天光镜效果

原图

天光镜效果

暖色滤镜

暖色滤镜可以使照片增现暖色调，喜欢这种效果的用户不妨尝试一下。

设定步骤 >

①选择**暖色滤镜**。

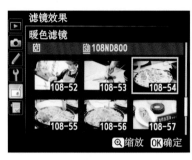

②确认要润饰的照片, 按⑩确认。

③最后按下⑩保存。

暖色滤镜效果

原图

暖色滤镜效果

红色增强镜

　　红色增强镜可以强化照片中的红色部分，使红色更红，如果用户拍摄过节时的灯笼，为了更加突显节日气氛，不妨试试该滤镜。

设定步骤 >

①选择**红色增强镜**。

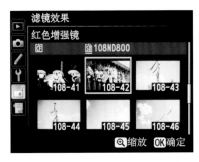

②选择要润饰的照片，按⑩确认。

③最后按⑩保存（还可以通过多重选择器的▲▼调节明暗）。

红色增强镜效果

原图

红色增强镜效果

绿色增强镜

绿色增强镜可以使照片中的绿色部分更绿，当我们拍摄草地、青山绿水等题材的照片时，该滤镜可以使照片更加鲜艳明快。

设定步骤 >

①选择**绿色增强镜**。

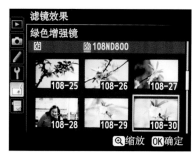

②确认要润饰的照片，按◎确认。

③最后按下◎保存。

绿色增强镜效果

原图

绿色增强镜效果

蓝色增强镜

　　蓝色增强镜可以强化照片中的蓝色部分，当我们拍摄包含了天空的风景照片时，可以采用该滤镜效果尝试使天空更蓝。

设定步骤 >

①选择**蓝色增强镜**。

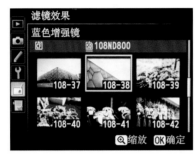

②选择要润饰的照片，按⑥确认。

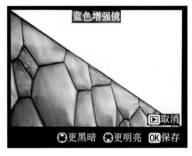

③最后按下⑥保存（还可以通过多重选择器的▼ ▲调节明暗）。

蓝色增强镜效果

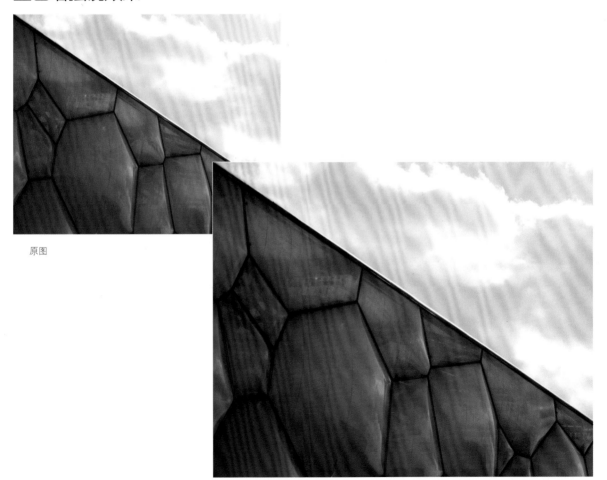

原图

蓝色增强镜效果

10

十字滤镜

十字滤镜可以使照片中的点光源出现十字型光斑，使照片看起来更加梦幻，可能新手们会更加喜欢这种效果。

设定步骤 >

①进入**十字滤镜**选项。

②选择要润饰的照片，按⊛确认。

③选择**光线的数量**（有4条、6条、8条可选）。

④调节**过滤量**（光斑的多少）。

⑤选择**滤镜角度**。

⑥确定**光线的长度**。

⑦选择**确认**。

⑧选择**保存**来保存润饰后的照片。

十字滤镜效果

原图

十字滤镜效果

10

柔和滤镜

　　柔和滤镜可以使照片看起来更加柔美，如果你拍摄美女而又不会后期磨皮的话，不妨试试该滤镜。

设定步骤 >

①进入**柔和**选项。

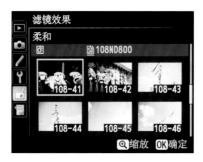

②选择要润饰的照片。

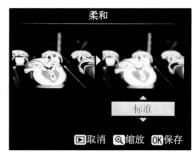

③选择柔和等级（包括：**低**、**标准**、**高**可选）后，按下 **OK** 保存。

柔和滤镜效果

原图

柔和：低

柔和：标准

柔和：高

色彩平衡

● 针对自己喜好进行颜色微调

　　色彩平衡可以看作是白平衡微调的后期版本，将照片后期处理成个人喜欢的色调。在调整时色调改变会即时显示在照片上，非常直观。调整时通过多重选择器进行微调，◄为蓝色、►为黄褐色、▲为绿色、▼为洋红色。

设定步骤 >

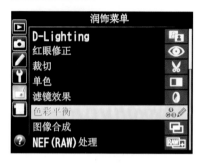

①在润饰菜单中选择**色彩平衡**。

②在**色彩平衡**中选择需要润饰的图像。

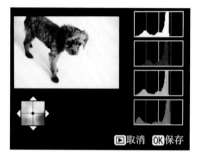

③利用多重选择器调整色阶，可预览图像效果和参考RGB直方图，调整完成后按⊙K存储图像。

色彩平衡效果

原图

色彩平衡效果

10

图像合成

● 类似于后期多重曝光效果

　　图像合成可将存储卡中的两张RAW照片合成为一张，形成类似于多重曝光的效果。例如先拍摄一张天空照片，再拍摄一张人物照片，然后合成为一张翱翔天际的照片。当然，如果你十分想和某个美女合影，而又没有勇气开口的话，也可以先偷拍一张美女，然后利用这种方法进行合成。

设定步骤 >

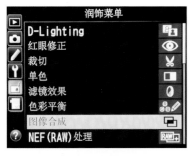

①在润饰菜单中选择**图像合成**。

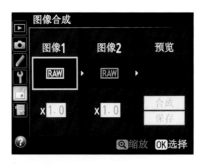

②**图像**被加亮显示，按◉可显示RAW图像选择对话框。

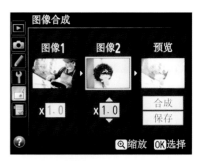

③使用多重选择器选择合成照片的第一张，所选图像显示为**图像**，再选择第二张照片。

④通过▲▼调整增益补偿后选择**合成**。

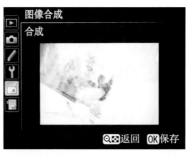

⑤预览合成图像效果后，按◉保存。

小提示

　　由于图像合成采用的是 RAW 格式，所以可以最大限度保留色阶、色彩等信息，相比电脑后期采用 JPEG 合成的照片，其细节更为丰富。图像合成操作简单，只将两张 RAW 格式照片分别利用多重选择器决定亮度后合成，再通过预览确认效果，之后存储即可！

图像合成效果

原图

原图

图像合成效果

NEF（RAW）处理

● 没有电脑也可以进行专业后期处理

　　NEF（RAW）处理是相机通过EXPEED 3图像处理引擎，将拍摄的RAW格式照片机内处理成JPEG格式照片的功能。可调整项目丰富，包括图像品质、图像尺寸、白平衡、曝光补偿、设定优化校准、高ISO降噪、色空间、暗角控制和D-Lighting。

设定步骤 ＞ 图像尺寸

①进入**图像尺寸**选项。

②选择需要调整的尺寸。

设定步骤 ＞ 图像品质

①进入**NEF（RAW）处理**选项。

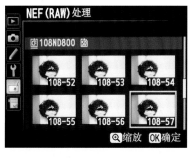

②选择要处理的RAW格式照片。

③在**图像品质**中选择需要设定的项目。

设定步骤 ＞ 曝光补偿

①进入**曝光补偿**选项。

②调节曝光补偿范围。

设定步骤 > 白平衡

①进入**白平衡**选项。

②调节需要调整的白平衡模式。

设定步骤 > 设定优化校准

①进入**设定优化校准**选项。

②设置需要调整的优化校准。

设定步骤 > 高ISO降噪

①进入**高ISO降噪**选项。

②设置降噪等级。

设定步骤 > 暗角控制

①选择**暗角控制**选项。

②调整暗角控制等级。

> **小提示**
>
> 全部设定完成后,选择执行即可保存为 JPEG 图像。

设定步骤 > **D-Lighting**

①选择**D-Lighting**选项。

②设定**D-Lighting**等级。

调整尺寸

● RAW与JPEG格式均可调整

调整尺寸可以调整RAW和JPEG格式照片的图像尺寸，另外，之前进行过其他润饰步骤的照片也可以进行尺寸调整。

设定步骤 > 润饰步骤

①进入**调整尺寸**选项。

②选择**选择尺寸**。

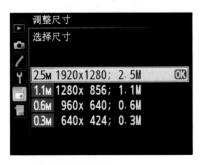

③设定需要调整的尺寸。

设定步骤 > ## 选择目标位置

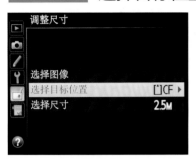

①进入**选择目标位置**选项。

②选择**SD卡插槽**或**CF卡插槽**作为调整尺寸后照片的存储目录。

设定步骤 > ## 选择图像

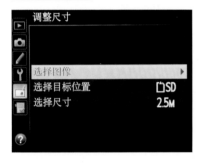

①进入**选择图像**选项。

②按多重选择器的▲▼◀ ▶选择需要修改的照片。

③按下多重选择器中央按钮进行确认。

④出现**创建经调整的副本?** 提示。

⑤选择**是**保存图像。

调整尺寸效果

调整前：7360x4912

调整后：1920x1280

快速润饰

● 菜鸟专用选项

　　快速润饰可以简单地一步润饰图像，比如可以修正照片的对比度、色彩等，使照片更加鲜艳明快。如果一个菜鸟级摄影师，不知道该调整照片的哪些后期润饰功能时，不妨试试该选项。

设定步骤 ＞

①进入**快速润饰**选项。

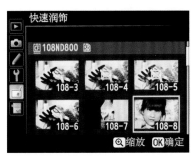

②选择需要润饰的图像。

③选择**快速润饰**等级（包括：**低、标准、高**）后，按下OK进行保存。

快速润饰效果

原图

快速润饰：低

快速润饰：标准

快速润饰：高

10

矫 正

● 通过多重选择器进行修正

小提示

使用多重选择器的◀▶即可调整修正量,幅度最大为 ±5°,每次以 0.25° 进行微调。修正时, ◀ 是逆时针方向修正, ▶ 是顺时针方向修正。不过需要注意的是,由于是后期润饰的修正,因此原片修正时会裁剪掉四周角落的画面,不过这也总比拍歪了强吧!

虽然D800既提供了取景器网格显示及虚拟水平,但是仍然无法避免有些时候因为误操作造成的照片歪斜问题,而矫正功能则可以把好最后一关。

设定步骤 ＞

①在**润饰菜单**中选择**矫正**。

②在**矫正**界面中选择需要矫正的图像。

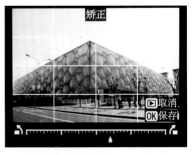

③按可按▶顺时针旋转图像,按◀可逆时针旋转,再按⊗即可保存。

矫正效果对比

矫正前

矫正后

失真控制

● 建议设置为自动

如果拍摄时忘记开启**自动失真控制**选项，还可以通过后期润饰菜单的**失真控制**进行修正，有自动和手动可选，建议用户设置为自动，相机会自动诊断照片是枕型畸变或桶型畸变（仍可通过多重选择器的▲▼◀▶进行微调）。如果设置为手动，可以使用多重选择器的▶修正桶形畸变，◀修正枕形畸变。

设定步骤 >

①进入**失真控制**选项。

②选择**手动**或**自动**选项。

③选择需要处理的照片。

④进行失真修正。

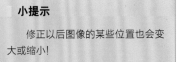

小提示

修正以后图像的某些位置也会变大或缩小！

失真控制: 前

失真控制: 后

鱼 眼

● 超广角拍摄效果更加震撼

　　鱼眼可以将照片润饰成如鱼眼镜头拍摄的夸张效果，按住多重选择器的◀▶按钮即可调整，建议采用超广角镜头拍摄的照片进行调整，效果会更加震撼。

设定步骤 ＞

①进入**鱼眼**选项。

②选择需要润饰的照片。

③按下多重选择器◀▶调整鱼眼效果等级。

鱼眼效果

原图

鱼眼

色彩轮廓

● 类似于速写画面

　　色彩轮廓是D800新增的润饰功能,可以创建手动着色轮廓,其效果类似于线条速写效果,喜欢的用户不妨尝试一下。

设定步骤 ＞

①进入**色彩轮廓**选项。

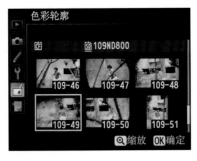
②选择需要润饰的照片,按OK确认。

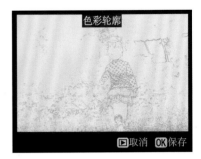
③润饰完成效果。

色彩轮廓效果

原图

色彩轮廓效果

10

彩色素描

● 类似于彩笔画效果

　　彩色素描也是D800新增的润饰功能，相机通过提取轮廓并对其着色，以达到彩色素描的效果。进行润饰时，还可以调整轮廓的鲜艳度和大小。

设定步骤 ＞

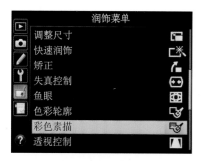

①进入**彩色素描**选项。

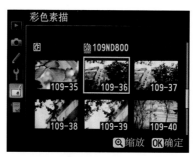

②选择需要润饰的照片。

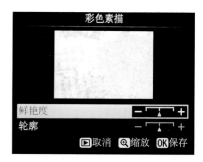

③调整**鲜艳度**和**轮廓**大小后保存。

彩色素描效果

原图

色彩素描效果

透视控制

● 合理修改即可

当我们在地面拍摄建筑物时，由于透视关系，拍出来的建筑物会出现楼顶明显小于楼底的梯形变形效果，**透视控制**就是为改变这一现象而设计的。不过建议用户在润饰时适当调整即可，如果真的将楼顶和楼底调整成一样宽度，反而会让人觉得很别扭。

设定步骤 >

①进入**透视控制**。

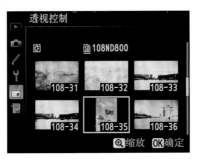

②选择需要润饰的照片。

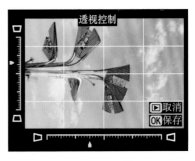

③通过◀▶调整效果并按⊛保存。

透视控制效果

原图

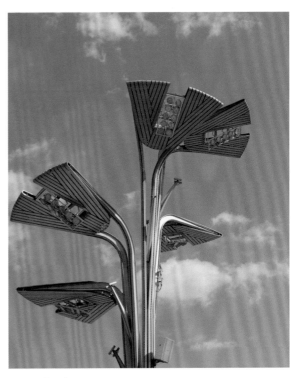

透视控制效果

10

模型效果

● 微缩景观登陆专业机型

　　模型效果其实就是在卡片机上的微缩景观效果, 是使远距离拍摄的照片看上去像近距离拍摄的模型效果。如今**模型效果**登陆到专业级全画幅D800相机上, 喜欢的用户可以尝试一下!

　　如果想在后期润饰时获得足够好的模型效果, 在拍摄时一定要注意两点: 一是最好采用俯视拍摄, 二是画面中央最好有突出的主体, 比如汽车、飞机等。

> **小提示**
>
> 　　如果用户拥有尼康移轴镜头, 也可以前期就拍摄类似**模型效果**的照片, 不过移轴镜头的价格都不菲, 如果只是想体验一下**模型效果**, 无需购买移轴镜头, 试试该滤镜即可。

设定步骤 >

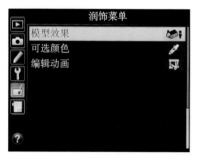

①进入**模型效果**选项。

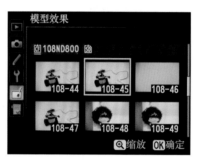

②选择需要润饰的照片。

③通过多重选择器的◀ ▶选择清晰范围, 调节清晰范围的竖直与水平, 再按**OK**保存。

模型效果

　　模型效果润饰后, 色彩饱和度和对比度都会有所增加。

原图

模型效果

可选颜色

● 更加突出主体

　　可选颜色功能可以创建出选定颜色之外的黑白照片，是一项非常有创意的滤镜。比如当我们拍摄了一颗绿色植物缠绕在树木上的照片，为了更加突出绿色植物，可以选定绿色植物后，将其他画面变成黑白效果。

设定步骤 ＞

①进入**可选颜色**菜单。

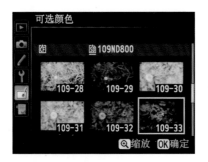

②选择需要润饰的照片。

③指定需要保留的颜色。

④可保留三种颜色，旋转主指令拨盘切换，按▲▼调整。

可选颜色效果

原图

可选颜色效果

编辑动画

● 不会后期视频剪辑的人士专用

对于摄影师而言，具备一定图像后期能力是基本要求，但对于动画编辑来说，可能大部分摄影师就无能为力了。因此D800还内置了**编辑动画**功能，包括**选择开始/结束点**和**保存选定的帧**可选。

设定步骤 > **选择开始/结束点**

①进入**编辑动画**选项。

②选择**选择开始/结束点**。

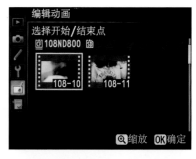

③选择要编辑的动画。

④按◀ ▶选择开始点。

⑤按⊙切换到动画的尾部，按◀ ▶选择结束点。

⑥编辑完成后按▲进行裁剪，选择**另存为新文件**或**重写现有文件**。

⑦选择执行或取消。

设定步骤 > **保存选定的帧**

①进入**保存选定的帧**选项。

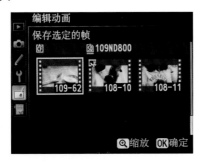

②选择要编辑的动画。

③挑选心仪的帧数。

④按▲进行保存,再按下⑩即可。

保存选定的帧实例

保存选定的帧

● 焦距：105mm
● 光圈：f/13
● 快门：1/13 秒
● 感光度：ISO200

我的菜单

添加项目

● 不再迷失于众多菜单中无从下手

添加项目可以将各个菜单（如播放菜单、拍摄菜单、自定义设定菜单、润饰菜单等）中最常用或变更的设定加入**我的菜单**中，免除了需要在层层菜单中搜寻和切换选项。

我的菜单可以添加**20**个选项，灵活运用**我的菜单**，是一个专业摄影师和初学者的重要区别。

播放菜单

和索尼与佳能不同，尼康用 **info** 调出的快速菜单内容并不丰富，而且在LCD显示屏上的显示方式也是对原有的主显示屏拍摄信息显示的画面进行局部调整获得的，并不直观。因此对于那些经常要快速调用功能的用户来说，**我的菜单**项里**添加项目**的筛选是很重要的。

设定步骤 >

①进入**添加项目**选项。　　②选择**播放菜单**。　　③选择自己需要添加的项目。

拍摄菜单

建议此项加动态D-Lighting、HDR（高动态范围）、暗角控制、自动失真控制、长时间曝光降噪、多重曝光、间隔拍摄、定时拍摄和动画设定等常用且快捷键无法直接调节的功能，将这些项目添加至**我的菜单**后，用户就可以不必深入**设定菜单**和**个人设定菜单**去逐个挑选调节。个人建议优先将**动态D-Lighting**、**HDR**（高动态范围）添置其中，因为相比之下，这两项使用的频率会更高。

设定步骤 >

①进入**拍摄菜单**选项。

②添加需要的项目(一)。

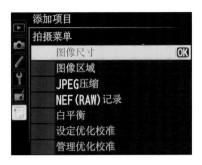

③添加需要的项目(二)。

自定义设定菜单

由于每个**自定义设定菜单**项下都包含多级子菜单和选项卡，所以向**我的菜单**中添加该菜单的项目时要非常慎重，不可贪多，否则可能使**我的菜单**失去快速菜单的功能。

设定步骤 >

①进入**自定义设定菜单**选项。

②添加需要的项目。

设定步骤 > ## 设定菜单

①进入**设定菜单**选项。

②添加需要的项目(一)。

③添加需要的项目(二)。

润饰菜单

和尼康的D5100等入门机型相比，D800的机内润饰功能更为丰富，特别是失真控制，图像合成、色彩平衡等都能对输出照片结果产生很直接的影响，因此如何快速调用这些功能，对于摄影师来说也是有必要研究的。

设定步骤 >

小提示

如果选项已经添加到**我的菜单**中，那么选项前方会出现一个"√"，此时将无法再添加该项（当然同一项目添加两次也完全没有必要）。

如已经添加过删除选项，前方将有√。

①进入**润饰菜单**选项。

②添加需要的项目(一)。

③添加需要的项目(二)。

删除项目

●不想使用的项目就删除掉

当我们在**我的菜单**中添加很多项目之后，如果有些选项不再需要，或存储位置已满，而又需要再添加其他选项时，可以通过**删除项目**将不需要的项目删除。

设定步骤 >

①选择**删除项目**选项。

②选择要删除的项目。

③按下▶确认（框内会出现"√"标识），再选择**完成**并按下⊛即可。

为项目排序

●根据个人最常用项目设定

　　添加项目时可以指定排列顺序,如果我们想调整这些已经排列好的选项顺序时,可以切换到**我的菜单**标签页,通过**为项目排序**菜单进行排序,非常方便。

设定步骤 ＞

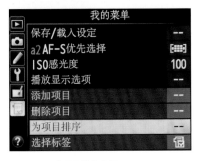
①进入**为项目排序**选项。

②选择需要重新排序的项目, 按⑩进行确认。

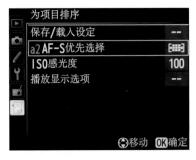
③采用多重选择器的▲▼调节新的位置, 按⑩确认新位置。

选择标签

●根据个人习惯而定

　　选择标签包含两项设定,分别为**我的菜单**和**最近的设定**,如果选择了**我的菜单**选项,那么该选项将显示**我的菜单**设定项目,如**添加项目、删除项目、为项目排序**和已经添加到的**我的菜单**中的操控选项;如果设置为**最近的设定**,该选项将显示最近相机针对哪些项目进行了设定。

设定步骤 ＞

①按下MENU按钮,进入**我的菜单**选项。

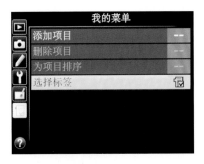
②进入**选择标签**选项。

③选择**我的菜单**或最近的设定选项。

● 焦距：33mm
● 光圈：f/11
● 快门：/15 秒
● 感光度：ISO100
● 曝光补偿：-0.7EV

part

12

全高清动画拍摄

D800 强大的全高清动画拍摄功能

D90

从D90到D800

D800 的动画拍摄是 D700 所没有的、全新加入的功能。单反中增加动画拍摄功能是目前单反必备的功能之一，世界上第一台拥有动画拍摄功能的单反就出自尼康，型号为尼康 **D90**。不过 D90 在动画拍摄方面并没有发挥足够的优势，原因有二：其一是当时大环境中单反动画拍摄在更多人看来只是个噱头，其二是尼康 D90 在动画拍摄上效果确实不尽人意，首先是分辨率只有 1280x720，其次是不支持自动对焦等功能。

D800

但是在佳能EOS 5D Mark II动画拍摄功能空前成功后，目前几乎所有的单反都增加了动画拍摄功能。尼康也在后续机型中改进了D90的不足，分辨率提升到了1920x1080，同时从D7000开始加入AF-F全时伺服对焦功能，在实用方面更胜佳能系统。而至于D800在视频方面的其他改进，请参见第一章中的视频相关内容。

全画幅相机视频优势

全画幅相机在视频中的优势首先体现在传感器尺寸方面。如今市面上专业级摄像机传感器尺寸一般只有 2/3 或 1/3 英寸（还不及尼康 1 系列的 CX 画幅面积大），因此在景深营造方面远不及全画幅相机。此外是全画幅单反的体积优势，虽然全画幅单反搭配专业级镜头体积并不算小，但是相对庞大的摄像机来说已经足以用小巧来形容了，难怪现在好莱坞经常把全画幅相机放在角落里，捕捉一些专业摄像机无法安放位置的镜头。

D800 可以营造唯美背景虚化。

专业摄像机背景虚化效果并不理想。

D800动画拍摄附件

　　虽然D800上市时间不长，但是已经有很多配件厂商为其开发了动画拍摄套件，包括遮光斗、跟焦器、底座、供电系统、上提+C臂、肩托、长焦镜头托架、HDMI外接监视器等。

　　由于D800支持在机身不进行存储卡记录时通过HDMI输出1920x1080/60i格式的高清视频，可以通过外置刻录设备进行无时间限制地将视频通过HDMI输出外接视频刻录，还需要一根Mini-HDMI线缆进行输出，不过尼康D800并未提供Mini-HDMI数据线，用户需单独购买。

　　尼康为D800的动画拍摄也准备了一些原厂配件，比如ME-1立体声麦克风和外接电源适配器EH-5b等。D800虽然支持立体声视频拍摄，但是自带的麦克风会将视频录制时的镜头对焦声、按键声等一并录入动画，而ME-1麦克风则不会将相机本身发出的声音录制在动画之中。外接电源适配器EH-5b可以保证在有外接电源的情况下，D800视频录制时，不会受电池电力的影响。

Mini-HDMI 接口

尼康 D800+ME-1 麦克风

D800 摄影套件

尼康电源适配器 EH-5b

拍摄高清动画前的设置

进入动画模式

　　将即时取景选择器选择在（动画）位置，再按下（Lv）按钮即可进入动画拍摄模式。

(Lv) 即时取景拍摄按钮

优秀反差对焦系统

　　D800在动画拍摄时的对焦选项与即时取景模式相同，同样包括AF-S单次伺服自动对焦和AF-F全时伺服自动对焦，其设置如表所示：

对焦模式	说　　明
AF-S 单次伺服自动对焦	适合拍摄静止题材，半按快门锁定对焦，与光学取景器 AF-S 模式功能相同。
AF-F 全时伺服自动对焦	适合拍摄运动题材，相机在不按快门时自动跟踪主体，按下快门时对焦锁定。

设定步骤 >

①按下 AF 模式按钮。

②再拨动主指令拨盘即可选择对焦模式。

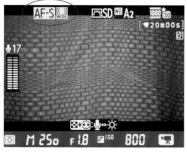

AF–S 单次伺服自动对焦。

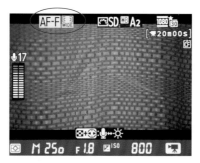

AF–F 全时伺服自动对焦。

AF区域模式

功　能	说　明
脸部优先 AF	适用于人像拍摄，相机会自动识别人脸，并以双边黄框作为标识，最多支持 35 张人脸识别，如果想在对焦时切换不同的人脸，可以通过多重选择器按钮进行选择。
宽区域 AF	适用于手持拍摄或非人像拍摄，可以将焦点移至画面中任何位置。
标准区域 AF	适用于精确对焦所选对焦点，同样可以将焦点移至画面任何位置，推荐使用三脚架拍摄。
对焦跟踪 AF	将对焦置于要拍摄的对象上并按下多重选择器中央按钮，对焦点将跟随对焦主体移动。

设定步骤 >

①按下 AF 模式按钮。

②再拨动副指令拨盘即可选择对焦模式。

LCD液晶屏显示

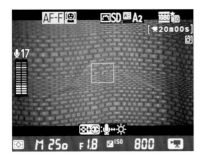

脸部优先 AF

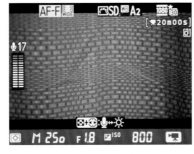

宽区域 AF

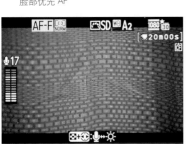

标准区域 AF

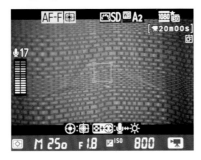

对焦跟踪 AF

其他动画拍摄设定

除之前介绍的相关设置外，还可以对麦克风灵敏度、优化校准和LCD 显示屏信息显示进行设定。

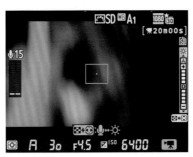

按下⊕和多重选择器◀▶按钮可以选择麦克风灵敏度设定和显示屏亮度设定（通过▲▼按钮调节）。

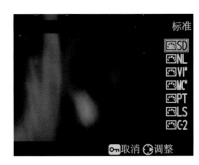

按⊖按钮可设定优化校准。

> **小提示**
>
> 单次伺服自动对焦模式也支持上述所有 AF 区域模式。

按（info）按钮可设定屏幕显示信息，如下图所示：

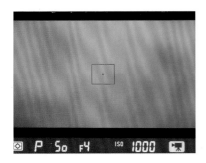

信息显示关闭

信息显示开启

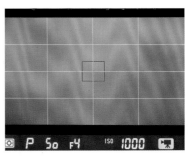

构图参考

直方图

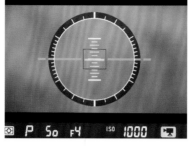

虚拟水平

D800 动画拍摄实战

采用 D800 拍摄视频时，最好能使用三脚架拍摄比较好。这是因为 D800 在重量上对手腕本身就是个考验，此外，动画拍摄如果晃的太严重，会影响观看效果。而且由于动画拍摄与摄影不同，无法竖构图拍摄动画，因为在回放时视频不会转为横向。

> **小提示**
>
> 当然，如果你想学张艺谋拍摄的《有话好好说》那种看着就让人头晕的镜头摇晃影片，果断手持拍摄，说不定你比张艺谋晃您的还有水准。

采用三脚架拍摄视频。

　　D800 最大可拍摄 4GB 大小的视频（FAT32 格式限制），在使用 P、S 曝光模式拍摄时，可调整曝光补偿，在 S 模式可调整快门速度和曝光补偿，在 A 模式可调整光圈和曝光补偿，在 M 模式时可调整光圈、快门速度和 ISO 感光度。需要注意的是，拍摄模式需在拍摄动画之前选择，按下视频按钮之后无法再更换拍摄模式。

在 P、S、A 模式中可进行曝光补偿。

　　在选择宽区域 AF 和标准区域 AF 时，D800 可以通过十字控制区选择焦点，非常方便。而在脸部优先 AF 和对焦跟踪 AF 时，D800 则可以跟踪所需焦点（脸部优先 AF 会自动检测跟踪人脸，对焦跟踪 AF 会跟踪之前处于对焦点位置的物体）。

脸部优先 AF 取景放大时也支持人脸检测（拍摄时无法放大视频）。

D800 同时支持动画拍摄时的白平衡调整，可以营造出特殊氛围的动画，如下图所示：

自动白平衡

白炽灯白平衡

D800 动画后期剪辑

尼康 ViewNX 2 中集成了视频编辑软件 Movie Editor，可以简单地编辑动画剪辑，主要包括视频裁剪、过渡和添加背景音乐等。

设定步骤 >

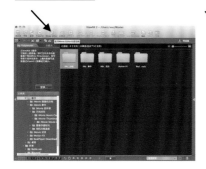

①进入 Movie Editor，打开 Movie Editor 选项。

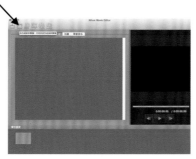

②添加动画和图像。点击**添加动画和图像**按钮导入所需编辑的视频或图片。

③点击**添加动画和图像**选项，添加需要编辑的动画。

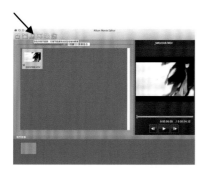

④添加至情节提要。把所需编辑的视频（图片）导入后，通过点击**添加至情节提**要即可开始编辑视频。

⑤剪裁。通过点击**剪裁**按钮就可以对视频进行分割从而得到我们想要的那段视频。

⑥裁剪动画界面。

⑦过渡。当导入多段视频后，有时会需要过场动画来过渡两段视频，以达到类似于翻页的效果。用户可在过渡界面下选择自己喜欢的过渡效果拖拽到两端视频之间使用。

⑧背景音乐。如果用户想加入音乐来制作个性十足的视频，可选择背景音乐手动加入即可。不过，Movie Editor 不支持 MP3 格式音频添加为背景音乐，只支持 wav 与 m4a 格式。

⑨添加背景音乐。

⑩创建动画。视频（图像）制作完成后点击**创建动画**，导出制作好的视频即可和你的朋友一起分享乐趣

⑪创建动画调整选项。

⑫另存为图像。如果在制作视频过程中发现某些不易察觉的亮点，可通过**另存为图像**按钮来保存精彩画面。

⑬另存为**图像调整**界面。

⑭保存。制作视频时有急事需要处理，可点击 Movie Editor 软件的左上角**保存**按钮，方便您下次继续编辑。

⑮保存项目调整界面。

小提示

由于尼康自家的 Movie Editor 在编辑动画时功能较少，可能无法满足专业级用户的需求，因此建议专业动画编辑用户采用 Adobe Premiere Pro 等软件进行后期编辑。

D800视频截图

通过 D800 全画幅 FX 格式取景和 AF-S 系列大光圈镜头，可以拍摄出
远超普通摄像机的小景深效果。

● 焦距：240mm
● 光圈：f/4
● 快门：1/250 秒
● 感光度：ISO2000

D800镜头选配推荐

13

D800 镜头选配建议

说起单反相机,首先会想到镜头的搭配。因为数码感光元件的特性,很多胶片时代的优秀镜头在数码相机上已经未必是好镜头。现在,即使是数码时代的镜头,有些也受到了挑战——因为D800的像素高达3600万,让很多镜头无法完美发挥D800的成像实力。像素提高未必能提高分辨率,镜头将成为瓶颈,限制传感器实力的发挥。尼康官方表示,尼康的专业级变焦镜头和定焦镜头,都是没问题的,但一些老镜头,和非专业级变焦镜头就很难说了。不少尼康老用户对此颇有微词,认为很多镜头"用不了"了。尼康破天荒地发布了一份列表,列出了16款可以完美匹配D800/D800E的镜头,并表示以前的尼康定焦镜头也能发挥D800的威力。谁知这张列表更是引发了口水仗,因为这16款镜头全部为价格不菲的尼康纳米结晶涂层镜头。

法拉利比陆虎快多少?

其实这个问题就像在限速120的高速路上,陆虎和法拉利谁跑得快是一个道理。法拉利也许发挥不到360的极速,却也不会开不过陆虎。换句话说,不管用哪支镜头,D800也不会比D3X的分辨率表现差,只是比D3X"强多少"的问题罢了。

时代毕竟在进步。推出1200万像素的佳能EOS 5D时有人问,600万像素不够用吗? 在推出2000万像素的佳能EOS 5D Mark II时有人问,1200万像素不够用吗? ——后来这些质疑者也都买了佳能EOS 5D Mark II。在推出2400万像素的D3X时还有人问,拍那么清楚干什么? 我们相信千万次的问,也拦不住科技发展的脚步,还不如好好想想3600万像素可以干什么用。

一盘很大的棋?

尼康对3600万像素的135数码单反的诞生做了系统的铺垫。2007年底,相机领域最大的地震就是尼康D3的推出。D3的像素并不高,只有1200万像素,业界一度认为尼康会走低像素、高感光度的路线,因此对同步推出的AF-S 14-24mm f/2.8G和AF-S 24-70mm f/2.8G并没有做充分的解读,只认为AF-S 14-24mm f/2.8G是配合奥运会推出的一款强大的超广角镜头,AF-S 24-70mm f/2.8G则是姗姗来迟的对尼康28-70mm f/2.8 ED的换代。对其纳米结晶涂层的解读也大多停留在消除鬼影等方面。

事实上,这是尼康第一次将纳米结晶涂层配备在变焦镜头上,只是我们都没猜透后面的剧情。此后的 5 年,尼康陆续推出将近 20 款纳米结晶涂层镜头,尼康除 DC 系列散焦控制镜头外,绝大多数重要镜头得到更新,价格也普涨。虽然成像和机械性能表现大多无懈可击,但有的摄友并不买账。

更有摄友留恋老金圈镜头的皱纹漆外壳，甚至埋怨尼康一代不如一代。

新片何必念旧头

平心而论，旧镜头有那么值得留恋吗？D头，甚至更久远的尼康手动镜头，能发挥当代数码相机的几成功力？D头拖拉机一样的对焦速度和噪音，大家还没受够吗？至于皱纹漆，尼康新镜头的防水防尘表现远胜前辈。单反相机本来就是照相的工具，品位追求貌似可以放一放。

如此周密地铺陈了5年，尼康才推出D800，给了纳米结晶涂层镜头一个标准答案：原来它们都是用来迎接一个高像素新时代的，所有3600万像素有什么用之类的问题，应该留给其他单反相机厂商，因为假如他们不跟随，明天就可能沦为业余品牌。

下面列举了一些给我印象深刻的镜头，它们可令D800发挥出最佳分辨率。

河北廊坊的一个旧小区，在 21 世纪依旧保留着些许 80 年代的味道。新片需要念旧头吗？

AF-S 14-24mm f/2.8G
没有对手的顶尖超广角镜头

镜头焦距	14-24mm
镜头结构	11组14片（包含2片ED镜片，3片非球面镜片和1片纳米结晶涂层镜片）
光圈叶片	9片
最小光圈	f/22
最近对焦距离	0.28m
最大放大率	1/6.7
驱动系统	SWM超声波马达
视角范围	114-84°
体积规格	98 x 131.5mm
重　量	1000g

AF-S 14-24mm f/2.8 G 镜头

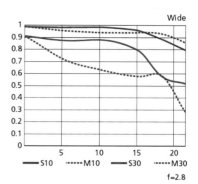

AF-S 14-24mm f/2.8 G 广角端MTF曲线图

第一次亲眼看见 AF-S 14-24mm f/2.8G 的人，肯定会产生一种"夸张"的感觉。前组镜片夸张地外突出来，镜头直径（不是滤镜直径）达到 98mm。

如果非要给 AF-S 14-24mm f/2.8 挑毛病，这款镜头所有的缺点都没有体现在照片上：沉重，庞大，大灯泡一样的前组镜片，无法在前端安装任何滤镜，这是它最主要的缺陷。AF-S 14-24mm f/2.8G 的成像基本代表了广角镜头的巅峰：从 17mm 端开始，就几乎没有畸变，24mm 端的畸变竟然胜过尼康、佳能两家的 24mm f/1.4 定焦镜头！锐度方面，14mm 端全开光圈竟然超越尼康定焦超广角镜头 AF 14mm f/2.8D ED——要知道它当年也是神一般的狠角色。

AF-S 14-24mm f/2.8G 内置 SWM 超声波对焦马达，支持全时手动对焦，对焦时和其他尼康顶级镜头一样顺滑。手感极佳，与张扬的外观相反，对焦毫无声息。

AF-S 14-24mm f/2.8 采用外变焦设计，在变焦到 14mm 端时前组镜片最靠外，24mm 端时最靠里。由于有固定的遮光罩的包围，所以这样的外变焦对镜头整体长度没有影响。AF-S 14-24mm f/2.8G 后组镜片也会随着焦距的变换而前后移动，14mm 端时最靠外，24mm 端时最靠里。这样的情况，等于 14mm 端时前组与后组的距离最长，24mm 端时前组与后组的

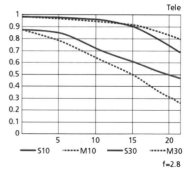

AF-S 14-24mm f/2.8G 长焦端MTF曲线

AF-S 14-24mm f/2.8 G 镜头结构

装在机身上的效果图

黄河源头，措日尕则山顶峰的一座雕塑。

距离最短。

　　用途上，AF-S 14-24mm f/2.8G 本是针对 2008 年奥运会推出的新闻、体育用超广角镜头，后来也成了拍摄人文和风光的利器。虽然不能使用滤镜，风光摄友对它却怨言不多，因为它表现出超强的宽容度，不加滤镜也能获得优秀的风光照片。据称佳能从 2011 年初就要推出同规格的镜头，至今仍无消息，恐怕这支牛头功力太深，弱点太少，一时不好追赶吧。

　　虽然畸变不大，但鉴于这支镜头在 14mm 端的夸张透视，还是不推荐用 14mm 端拍摄肖像作品。

这本来是西藏林芝地区一个路边小景，但 AF-S 14-24mm f/2.8G 在 14mm 端超小的畸变，保证了画面的力量感。

在神农架拍摄金丝猴，猴子开始全都躲起来，半个月后，猴子已经蹬鼻子上脸。这是小猴迎面跑来，对 AF-S 14-24mm f/2.8G 的大灯泡兴趣正浓，伸手就抓——看来一个有趣的镜头设计对吸引动物也有帮助。

在神农架，直接面对阳光拍摄，借助于超广角透视和光斑效果，制造了超强的冲击力。

香港著名的青马大桥，横跨青衣岛及马湾，全长 2160 米，是配合赤蜡角机场而建的十大核心工程之一。香港东亚运会期间，把相机放在沙滩上摄了这张照片，14mm 端带来了超强的张力。

AF–S 35mm f/1.4G
姗姗来迟的光线捕获者

镜头焦距	35mm
镜头结构	7 组 10 片
光圈叶片	9 片
最小光圈	f/16
最近对焦距离	0.3m
最大放大率	1/5
驱动系统	SWM 超声波马达
滤镜直径	67mm
体积规格	83 x 89.5mm
重　量	600g

AF–S 35mm f/1.4 G 镜头

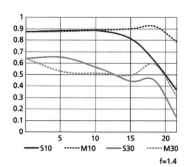

AF–S 35mm f/1.4G 长焦端 MTF 曲线

有一支曾经经典的镜头摆在我面前，可我没有珍惜，等我失去的时候才追悔莫及。如果上天能再给我一次机会，我会对那支镜头说 5 个字：紫边太重啦！（这里指尼康老镜头 Ai 35mm f/1.4。）

有些镜头的经典是源自"前无古人"，例如卡尔·蔡司 Distagon T*35mm f/1.4，福伦达的 NOKTON 50mm f/1.5；有些镜头的经典是源自"后无来者"，例如尼康的 Ai 35mm f/1.4。在漫长的 D 头时代，尼康竟然没有发售 AF 35mm f/1.4D！但这个遗憾就此终结了，因为 2010 年尼康发布了 AF-S 35mm f/1.4G。以现在的标准看，尼康当年那个手动的 Ai 35mm f/1.4 在成像上实在乏善可陈，成像软，用在数码相机上大光圈时紫边重，为此在数码时代也曾沦为最便宜的 35mm f/1.4 规格的镜头之一，擅长金广角镜头的尼康，出现了世界上最不值钱的 35mm f/1.4，这样的例子仅此一例。35mm 原本属于广角焦段，有着涵盖风景、人文等综合用途的常用焦段。这几年单反镜头走上了"大型化"的不归路，尼康也没含糊，把一支 35mm 定焦镜头做到了 67mm 口径，直接把该头归入了"生产工具"范畴（当然佳能同规格产品滤镜直径更是高达 72mm）：业余摄友一般会嫌它昂贵笨重，人文摄影又嫌它太醒目。该镜头的主要用途就变成了拍美女。对它的赞美除了"锐利的焦内＋奶油般的焦外"也没别的可说。

还是回过头来看本节内容的主角：尼康 AF-S 35mm f/1.4G。它的光学结构不算复杂，采用 7 组 10 片镜片结构，使用一片非球面镜片，并具备纳

尼康 Ai 35mm f/1.4 镜头

米结晶涂层，可大幅降低鬼影和眩光。光圈叶片达到 9 片，可以在散景中获得漂亮的圆形光点。作为一支广角定焦镜头，背景虚化能力不能和长焦镜头相比较，但是依然可以在光圈大于 f/5.6 的情况下，获得较好的背景虚化效果。其焦外成像效果柔美，过渡平滑。同时，该镜头在 f/5.6 时的锐度表现也是最为理想的。需要注意的是，尼康 AF-S 35mm f/1.4G 逆光拍摄时仍会有雾化情况出现，但雾化效果最明显的不是出现在最大光圈时，而是出现在 f/2.8 至 f/8 光圈时，直射光光源位置有较大范围的雾化现象，虽然不算太明显，但出现在解像力最高的光圈范围，多少降低了它在极端环境下的实用性。在逆光环境下，尼康 AF-S 35mm f/1.4G 镜头在光圈收小到 f/2.8 之后，画面不再出现紫边。

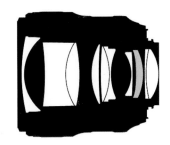

AF-S 35mm f/1.4G 镜头结构

　　35mm 这个焦段，是很多摄影师的最爱，无论是人文还是风光摄影师，都爱把它当作挂机头。但这支镜头偏偏更适合成为专业摄影师工作的工具。发一些近期用它拍摄的生活小景，也算在夜深人静时还原一下 35mm 从前的意义。

尼康的手动 Ai 35mm f/1.4，在数码时代被姗姗来迟的 AF-S 35mm f/1.4G 接班。

"小天室"为工作室拍摄的圣诞主题纪念照。画面中有一些镜头出现在本书中,你能认出几支?

　　先锋剧《九种时刻》剧照。理想的剧照应该展示人物关系,对相机的高感光度、宽容度、测光、对焦等都提出了严酷考验。想得到恰到好处的景深,就要倚仗镜头感了。

　　额济纳著名的二号桥，胡杨林正处在最美的时刻。本来不想用 AF-S 35mm f/1.4G 拍风光，偶尔客串一下，发现色彩毫不含糊。

　　神农架大龙潭，"鲜花之路"上，午后一道灵秀的光芒使照片具有了意义。

13

AF-S 28mm f/1.8G
华丽不必昂贵

镜头焦距	28mm
镜头结构	9 组 11 片（2 片非球面镜片，具备纳米结晶涂层）
光圈叶片	7 片
最小光圈	f/16
最近对焦距离	0.25m
最大放大率	0.22
驱动系统	SWM 超声波马达
滤镜直径	67mm
体积规格	73 x 80.5mm
重 量	330g

AF-S 28mm f/1.8G 镜头

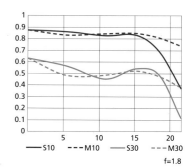

AF-S 28mm f/1.8G MTF 曲线图

AF-S 28mm f/1.8G 是在 D800 发布后，才和 D3200 一起发布的。在纳米结晶涂层镜头中，这几乎是最便宜的一款，如果喜欢 AF-S 24mm f/1.4G 却觉得太贵了，那不妨花不到一半的价钱买这支 AF-S 28mm f/1.8G。

镜头是用了纳米结晶涂层和宁静波动马达 (SWM) 等尼康特有的技术。纳米结晶涂层减轻了鬼影和眩光，使图像更加鲜明、清晰。以往就算镜头采用高性能的多层镀膜，也会有肉眼可以看到的微量反射，但是如果采用纳米结晶涂层，那反射就微乎其微了，肉眼几乎辨识不出。纳米结晶涂层看起来像是只加了一片玻璃，但实际上其中包括了 11 层滤色片一样薄的玻璃。

7 片圆形光圈叶片，保证了优异的焦外特性。镜头结构为 9 组 11 片（2 片非球面镜片）。

这支镜头在 f/4-f/5.6 表现出最佳锐度，相于于 AF-S 24mm f/1.4G 那种最佳光圈在 f/2.8 以上的产品，AF-S 28mm f/1.8G 更适合拍摄风光。不过佳能的同款产品最小光圈可以收到 f/22，AF-S 28mm f/1.8G 只能收到 f/16，稍显不足。

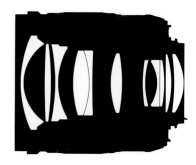

AF-S 28mm f/1.8G 镜头结构

　　全开光圈时，AF-S 28mm f/1.8G 照样可以拍到景深大又不失锐度的夜景照片。为手持相机拍摄夜景提供了便利。

　　AF-S 28mm f/1.8G 的最近对焦距离为 0.25m，最大放大倍率 0.22。夜景小品是它的本职工作。

　　超广角透视让远处的云和地面几乎连在一起。越野车仿佛从天地的一道缝隙中杀出重围。

13

AF-S 200-400mm f/4G ED VR II 最优美的"大炮"

镜头焦距	200-400mm
镜头结构	17组24片（4片ED玻璃镜片和数片纳米结晶涂层镜片）和一片可拆卸的保护玻璃
光圈叶片	9 片
最小光圈	f/32
最近对焦距离	2m（手动对焦时 1.95m）
最大放大率	0.27（0.28 在 MF 模式）
驱动系统	SWM 超声波马达
滤镜直径	52mm
体积规格	124 x 365.5mm
重　量	3360g

AF-S 200-400mm f/4G ED VR II 镜头

AF-S 200-400mm f/4G ED VR II 是我一见倾心的镜头，3.36 千克的体重，在"大炮"规格的镜头中相对纤细和轻巧。

AF-S 200-400mm f/4G ED VR II 采用复杂的 17 组 24 片镜片结构，包含多达 4 片 ED 镜片和数片纳米结晶涂层镜片，并且这还不包括 1 片可拆卸的保护玻璃。此镜头在任何焦距上的最近对焦距离都可以达到 2 米，而且设置为手动对焦时，最近对焦距离可达 1.95 米。它提供了多达 9 片圆形光圈叶片，插入式滤镜口径为 52mm。

最大光圈小于 f/8 的时候，尼康机身的自动对焦依然有效，在使用 2 倍增距镜的时候，AF-S 200-400mm f/4G ED VR II 变成了 400-800mm f/8，成为名副其实的远程火力，只可惜最大光圈只有 f/8，取景有点太暗了，自动对焦也会变慢。

该镜头的全开光圈成像只能说比 AF-S 400mm f/2.8G ED VR 等定焦"大炮"在 f/4 上稍逊一筹，但如果是二选一，我一定选 AF-S 200-400mm f/4G ED VR II，有时拍得到比拍得好更要紧。配备的示例照片基本都用了最大光圈拍摄。

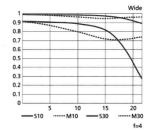

AF-S 200-400mm f/4G ED VR II 广角端 MTF 曲线图

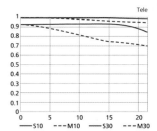

AF-S 200-400mm f/4G ED VR II 长焦端 MTF 曲线图

AF-S 200-400mm f/4G ED VR Ⅱ镜头结构图

AF-S 200-400mm f/4G ED VR Ⅱ镜头与尼康顶级机身

AF-S 200-400mm f/4G ED VR Ⅱ专用的碳纤维遮光罩

金丝猴不解地望着我们，似乎在说："没搞错吧？我们怎么会是亲戚！"

这是在音乐节上拍摄的现场照片。镜头正对着一盏灯，表现出超强的抗眩光性能。

第一次到神农架拍摄金丝猴，选择了尼康 AF-S 400mm f/2.8G ED VR，但该镜头重达 4.62 千克，又是定焦镜头，不容易应付活泼好动、行动敏捷的猴子。于是第二次换用新款 AF-S 200-400mm f/4G ED VR II 变焦镜头。

两只凶悍的海鸥在北京动物园的水禽湖里争抢一条小鱼。

AF-S 24-70mm f/2.8G
有你最放心

镜头焦距	24-70mm
镜头结构	11 组 15 片（包含 3 片 ED 镜片，3 片非球面镜片和 1 片纳米结晶涂层镜片）
光圈叶片	9 片
最小光圈	f/22
最近对焦距离	0.38m
最大放大率	1/3.7
驱动系统	SWM 超声波马达
滤镜直径	77mm
体积规格	83 x 133mm
重　量	900g

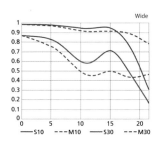

AF-S Nikkor 24-70mm f/2.8G
广角端 MTF 曲线图

所有的大品牌镜头厂商一定会有一支成像优异的中焦变焦牛头，尼康也不例外。尼康为这款金圈镜头的 11 组 15 片镜片配置了 3 片 ED 镜片、3 片非球面镜片和纳米结晶涂层，以求在全焦段范围内很好地控制色散和畸变，以及消除鬼影和眩光等。在参数规格方面，除了尼康这款镜头使用了 9 片光圈叶片外，其他技术参数都与佳能的 EF 24-70mm f/2.8L 镜头非常接近。（佳能使用 8 片光圈叶片。）

比起旧作 AF-S 28-70mm f/2.8D IF-ED，新镜头的 24mm 广角除了比上一代更广外，镜组设计也针对数码作了全面优化。近拍能力有大幅改进，镜头的最近对焦距离由 0.7 米大幅减至 0.38 米，提供了 1：3.7 的放大倍率，足以应付近距离的生态及花卉等拍摄题材。镜身整体外观比上一代 AF-S 28-70mm f/2.8D IF-ED 更为细长，重量减轻了 35 克。在所有接合地方及接环上都加上了防水胶边，具备防尘防水滴性能。

作为一支代表厂家技术实力的产品，这支镜头的广角端畸变控制表现一般，但除此之外，你一定会爱上它精湛的工艺，优雅纤巧的设计，可靠的防尘防水溅表现，从 f/4 到 f/16 过人的分辨率，安静迅速的对焦，油润的背景虚化……很多原本用 50mm 标头挂机的摄友，竟然过渡到了用 AF-S 24-70mm f/2.8G 挂机。

当然，以最新的标准来看，这支镜头未配置光学防抖，体形方面也有缩减的空间。考虑到它是 2007 年底才上市的镜头，期待它马上更新也不太现实，所以对于有"原厂情节"的 D800 用户来说，这只 24-70mm f/2.8 镜头依然是眼下标准变焦的不二选择。

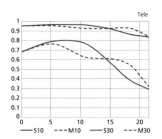

AF-S Nikkor 24-70mm f/2.8G
长焦端 MTF 曲线图

AF-S Nikkor 24-70mm f/2.8G 镜头结构

在西藏一家餐馆里遇见的一只很惹眼的茶壶。拍摄时让相机跟随转桌旋转，一桌同伴变得若有若无，使用这只 24—70mm 变焦镜头近摄的好处是可以迅速拧动变焦环获得一个理想的视角完成构图，同时它在距离很近的时候也能合焦。

使用 24mm 端拍摄青海一个无名湿地。在高原湿地上出现这么美的黄昏也是少见的。

AF 180mm f/2.8D IF-ED 曾经的顶点

镜头焦距	180mm
镜头结构	6组8片
光圈叶片	9片
最小光圈	f/22
最近对焦距离	1.5m
最大放大率	0.625
驱动系统	无马达
滤镜直径	72mm
体积规格	79×144mm
重　量	760g

AF 180mm f/2.8D IF-ED 镜头

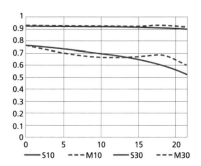

AF 180mm f/2.8D IF-ED MTF 曲线图

最后推介的一支老镜头，AF 180mm f/2.8D IF-ED。作为一支中长焦定焦镜头，它根据蔡司历史上的同规格"神镜"开发，曾被称为 135 镜头锐度的极限！如今小竹炮二代：AF-S 70-200mm f/2.8G ED VR II 已经在硬性指标方面接过了 180mm 的光环，180mm 退休成为一支用来把玩的铭镜——这对一支定焦镜头来说，实在是种解脱。

AF 180mm f/2.8D IF-ED 采用如今已被弃用的皱纹漆金属外壳，重量只有 760 克，长度 144mm，滤镜口径 72mm，做工精美轻巧，镜身自带推拉式遮光罩。买来时还附带了真皮的镜头筒。我对它的喜爱原本也来自其轻便，手持比中焦镜头还轻松，在拥有 AF-S 70-200mm f/2.8G ED VR II 之后很久，我都改不掉同时带它们俩出门的习惯。同时它有着新款镜头不具备的浓郁色彩，焦外更不用说了，它就是奶油状焦外的典范。

AF 180mm f/2.8D IF-ED 镜头结构

毕竟是一支陈旧的 D 系列镜头，没有镜身马达，对焦比较吵闹，速度也不快。只能使用尼康旧款的增距镜，这就不怪它了，谁让尼康的新款增距镜不跟它兼容呢。尼康并没有为 AF 180mm f/2.8D IF-ED 更新换代，也许不值得换代了，AF-S 70-200mm f/2.8G ED VR II 足以替代它的功能；实在想要定焦，那还有"小胖子"尼康 AF-S 200mm f/2G ED VR II。在这喧嚣的世界里还 AF 180mm f/2.8D IF-ED 一个清净，善莫大焉。

话剧《卤煮》，D800 的面部识别功能，在旧的镜头上并不会打折扣。

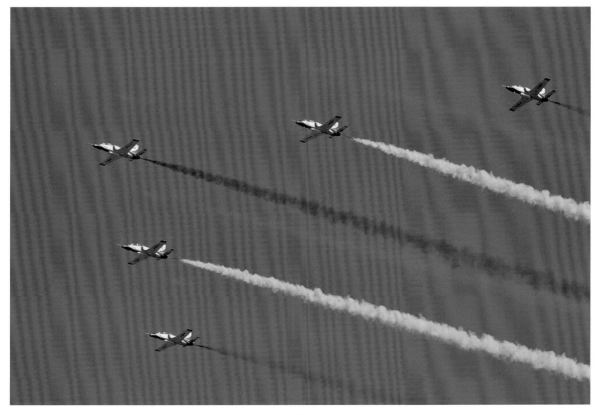

当战斗机飞过头顶时，我用这支 180mm 定焦镜头就获得了这样理想的视角。

AF 180mm f/2.8D IF—ED 的人像表现十分耐看，焦外的大海简直宛若画境。

卓玛和她的弟弟。小巧的 AF 180mm f/2.8D IF-ED 并没有让路遇的儿童产生太强烈的威胁感，反而一看到我就开心地对我笑。

后记

应中国摄影出版社之约，我们组织编写了《尼康 D800 从入门到精通》和《佳能 EOS 5D Mark Ⅲ》这两本书。当接到这两部重要图书的任务时，作为相机评测室里的器材编辑，我们深感责任重大。为了感谢中国摄影出版社的信任，我们尽可能把对尼康 D800 和佳能 EOS 5D Mark III 的调查、研究、实拍体验和实验室测评信息分享给广大读者。在此，我们还要特别感谢本书的两位主要撰稿人——侯月光先生和郭小天先生。

首先是侯月光先生，作为摄影网媒兴起之后的中生代主力评测编辑，他的笔名"竹子"在器材发烧友中颇有名气。作为国内知名 IT 网站"小熊在线"的数码影像频道主编，他花费了大量时间在摄影器材的测试和新品测评文章的撰写上，可以说这种工作已经成为他的一种习惯。出于勤奋，他克服了包括时间分配在内的许多困难，撰写了本书的大部分内容，并拍摄了本书的大部分图片。竹子说："当自己有机会完成一本书时，内心的激动是无法言表的……之前零散的记忆要全部用细致入微的语言来表达，对我来说无疑是一个挑战。"在我们看来，熬过若干不眠之夜的他，已经成功地战胜了这个挑战。

作为《FOTO-VIDEO 数码摄影》杂志合作多年的撰稿人，郭小天先生在器材领域的专业素质和犀利的写作风格是我们非常熟悉和信任的。当他在工作最繁忙的日子里（时值伦敦奥运会期间，他必须通宵加班配合新华网的报道工作），能够主动承担起第 13 部分"D800 镜头选配推荐"的撰写任务时，我们十分感激！

本书的大部分文字内容都已在实验室里完成，但精美的样片同样是一本摄影器材类图书必不可少的组成部分。在此，我们要特别感谢康丹老师，以及李大贺、一鹏、吴瑞琪、胡鹏、肖嵘峰、Man 等几位热心的尼康 D800 影友，是他们提供了如此丰富的精彩样片。同时衷心感谢那些陪伴我们一起拍摄的模特们（米又、安安、小安、琢玥、兜兜、嘟嘟、朱露、晶晶、皮逸嘉、keke、小猫维、李畅、小婕、雯雯、卢军、费伟妮、丹丹、郑诺、BM、水晶等）。此外，在交稿前，侯凯先生、邓登登先生、李志远先生分别审读书稿并提出宝贵意见。本书设计甄焕女士、责任编辑谢建国先生也为本书费心不少，在此一并谢过！他们的辛勤付出为本书增色不少。

CHIP FOTO VIDEO 视觉新媒体

2012 年 10 月